As Found Houses

Experiments from Self-builders in Rural China

如是之屋

中国乡村自建房故事

John Lin　　　Sony Devabhaktuni

〔美〕林君翰　〔美〕索尼·德瓦巴克图尼　著

王晶晶　译

GUANGXI NORMAL UNIVERSITY PRESS

广西师范大学出版社

·桂林·

如是之屋
RUSHI ZHI WU

Published by Applied Research and Design Publishing, an imprint of ORO Editions
Copyright © 2021 John Lin and Sony Devabhaktuni
Simplified Chinese translation copyright © 2023
by Guangxi Normal University Press Group Co., Ltd.
The simplified Chinese translation rights arranged through Rightol Media
（本书中文简体版权经由锐拓传媒取得 Email:copyright@rightol.com）
著作权合同登记号桂图登字：20-2023-001 号

图书在版编目（CIP）数据

如是之屋：中国乡村自建房故事 / （美）林君翰，
（美）索尼·德瓦巴克图尼著；王晶晶译. -- 桂林：
广西师范大学出版社，2023.5
书名原文：As Found Houses
ISBN 978-7-5598-5878-8

Ⅰ．①如… Ⅱ．①林… ②索… ③王… Ⅲ．①农村
住宅－调查研究－中国 Ⅳ．①TU241.4

中国国家版本馆 CIP 数据核字（2023）第 045086 号

广西师范大学出版社出版发行

（广西桂林市五里店路 9 号　邮政编码：541004）

网址：http://www.bbtpress.com

出版人：黄轩庄

全国新华书店经销

广西广大印务有限责任公司印刷

（桂林市临桂区秧塘工业园西城大道北侧广西师范大学出版社
集团有限公司创意产业园内　邮政编码：541199）

开本：787 mm × 1 092 mm　1/16

印张：12.5　　字数：150 千

2023 年 5 月第 1 版　　2023 年 5 月第 1 次印刷

印数：0 001~5 000 册　　定价：88.00 元

如发现印装质量问题，影响阅读，请与出版社发行部门联系调换。

目 录

建筑师的再教育

张永和

20世纪初的欧洲艺术家，特别是法国的马塞尔·杜尚（Marcel Duchamp）发现了"现成品"或"拾得物"的世界，令人大开眼界。这些东西实属寻常，容易被常规艺术忽视，如瓶架、自行车和小便池等。

当然，平凡世界一直存在，我们便置身其中。但有时，艺术与建筑的熏陶令我们难见平凡。包括某些建筑师在内的一些人意识到了平凡所在，且于平凡中见不凡。建筑师伯纳德·鲁道夫斯基（Bernard Rudofsky）便是其中之一。1964年，他在《没有建筑师的建筑》（*Architecture Without Architects*）一书中表达了自己的观察。

于是我心生一问：除建筑师外，能否有人像鲁道夫斯基构建其主题那样写一本书来讲述"非正统建筑"？我觉得不可能，因为只有训练有素的双眼才能发现寻常房屋中的建筑意匠，其品质、创意与巧思。

《如是之屋》一书凝聚了林君翰和索尼·德瓦巴克图尼工作的点滴。两位在香港工作的建筑师完成了对中国乡村民居的建筑解读。每栋建筑的黑白轴测分析图以学术的语言诠释了非常规建筑，既没有干预自建者原本的想法，也没有投射设计的自我意识。房屋的命名构成分析的另一层次，赋予似乎自发形成的建筑以清晰的概念。诸如此类的实地研究构成对建筑思维的高强度检验，也可作为对建筑师的再教育。在本书中，林君翰和索尼把建筑师带回了乡村并提出了几个极为重要的问题：

我们难道没有过度设计吗？或者说，是为了设计而设计？我们是否囿于特定的语言、品味或思维方式？我们如何解放自己？如果作为建筑师，便不得不设计，那么是否存在不设计的设计？

重访当代没有建筑师的建筑

林君翰

　　对于工业时代的人们而言，籍籍无名的建造者秉持的理念与拥有的技艺是最大的建筑灵感来源，而它尚未得到开发。这一有待溯源的智慧超越了经济与美学范畴，因为它触及了远更棘手并愈加麻烦的问题，即如何从狭义和普遍性意义上自在活、宽待人、睦友邻。

　　——伯纳德·鲁道夫斯基，摘自"没有建筑师的建筑"图书同名展览的前言，纽约现代艺术博物馆，1964年

拍摄：格拉夫·卡斯特尔－吕登豪森（Graf zu Castell–Rüdenhausen）

这张照片因晦暗不明而引人遐想：黑色方块在似乎被漂白得褪色的平面上向远处铺陈开来。凑近一看，质朴的建筑形式表明，它们是在地底挖出的一座座庭院。这些院子通往一连串挖空的拱形窑洞，窑洞建于院墙墙面上，向土层内延伸，可供起居、休憩、炊事与储藏。

整座窑洞通过挖掘建成，展现了在可用建筑材料仅有泥土的约束条件下庭院文化的简单集成。人们将地表农田与地底家庭活动分开，在农业生产和群居生活间实现和谐与平衡。

数年前，我们决定前往三门峡地区，也就是照片拍摄地寻访，不知能否找到影像中的确切地址。然而，我们在一连串窑洞中间发现了杂乱分布的工厂。随着城市化深入曾经偏远的地区，这些民间建筑的所在地发生了翻天覆地的变化。大量窑洞已被遗弃或年久失修，地表原本的集体土地上盖起了一座座新房。一幅模糊而矛盾的景象——新建的普通住房，残留的地底庭院，杂乱无章的厂房和深深插入地下的大型基础设施——诞生了。

居所是生活的典型例证，而城市化的力量改变了居所与生活间脆弱的共生关系，如今，这种关系依附在传统生活的遗迹之上。1978年，中国实行改革开放时，释放了城市化的力量。一系列政策令中国面向全球市场开放，最终启动了全球有史以来最迅速、最广泛的城市化进程。虽然最初，政策聚焦于创建新城区并鼓励数百万农民工走出农村、进城务工，但城市化缓慢而不可避免地掉转了方向，开始瞄准乡村。

《没有建筑师的建筑》一书向广大读者介绍民间建筑或"非正统建筑"已有50余载。透过当代中国去重温鲁道夫斯基有关民间建筑的假定，就要面对房屋遗弃、基础设施冲突、突变、适应和有争议的土地等议题：快速的城市化直接或间接地影响了曾经遥远的地区。如今我们看到的是变换了的生活形式，与图书和展览、展览前言中理想化的与世隔绝、完美融合的居民点恰恰相反。"民间风格、籍籍无名、自然天成、本土特色、乡村风韵"等特点需要放到新故事中进行重新审视，而新故事讲述的则是全球化发展瞄准大片土地的过程。

近来，我们开始思考，在当代社会，什么样的建筑可以被定义为民间的？目睹数百万建造者利用工业材料改造传统房屋之后，我们能否辨别出那些令人惊喜且具有创意的解决方案，为理解这一定义提供新方法？在首次寻访华北地区窑洞的旅程中，我们找到了一些答案。当时，我们偶遇一户人家，他们已经在地表盖了新房，但冬夏两季仍住地底，因为在此期间，土墙的隔热功能依然令人倍感舒适。

往返于地表和地底展现了通过混居来应对季节变化的迁移型生活方式。屋主没有通过技术和能源控制室温，而是仅仅随季节变换居所，此举使我们对民间建筑在当下发挥的作用有了新的理解，从而洞察现代居住形式的全貌。我们开始思考，传统住宅的自行改造如何为重要的建筑问题提供新方法，比如本例中提及的怎样实现居住的可持续性。

初步观察使我们开始考虑全中国其他民间建筑集中的地区。更多的当代生活故事是否就近在眼前？过去5年，我们多次寻访，发现并记录了多个民间建筑翻新的案例。我们时常绕开保存完好的传统住宅，而更青睐那些差点因改建而遭受破坏的房屋。中国气候多样，不同区域环境各异，我们走遍各地，最终聚焦四个地方，那里的改建使我们受益尤甚：本书开头提及的窑洞；中南部山区的侗族木屋；东南部地区的大型集合住宅，或称土楼；以及西部偏远高海拔地区的藏族住宅。

通过这些案例研究，我们开始理解驱动乡村自建者的节俭精神：绝不做没有充分理由或不产生直接影响的事。在追求功能的新动态中，独创精神与工业技术、传统方法相结合，凌驾于正规设计思考之上。我们调整了焦点来欣赏这些翻新住宅中错搭的、时常矛盾的美学。由于受到"没有建筑师的建筑"构建的意象的影响，我们不得不改变将民间建筑与强烈的形式纯粹性联系起来的做法。

如今，学习民间建筑的精神——鲁道夫斯基作品的本质意义——仍能找到令人信服的论据，因为未经专业训练的建造者具有无可争议的设计天赋。一如1964年，作为当代设计的受众，我们希望为当前问题找到新的切入点，解决工业化、环境破坏、基础设施扩张、气候变化和人口迁移带来的挑战。我们能从"无意识"的自建者身上学到哪些新的经验呢？

在贵州南部、湖南、云南和广西的部分地区，聚集着中国最大的木屋建造师群体。虽然木屋建造的技艺与知识正逐渐失传，房屋现在大都以混凝土砖砌结构为主，但木屋仍展现出了惊人的恢复力。这一部分归功于木屋本身可移动的特性——其结构能够轻易拆卸并重新组装，便于组件再利用。我们发现，许多新建的混凝土砖砌结构利用了房屋原有的木材，这种组合方式着实出乎意料。在一些地方，我们见过将整座木屋重新建在多层混凝土框架结构上的例子。这些案例分析展示了结合不同建筑结构体系的策略。它们表明，结合传统方法可以创造出完全现代化的"住宅"理念，旧物循环，以旧创新。

通常，随着社会与社区的变革，结构改造的故事便应运而生。数百年前，中国南方客家人多户共居的大型土楼诞生于彪悍尚武的民风背景之下。大家族为了共同防御而修筑了厚重的土墙，同时也在中庭提供了开放的公共空间。久而久之，土楼遍布当地，它们之间也开始形成新的关系，比如有的土楼在中央庭院里设立集市或学堂。于是，当集体空间出现并不被私用，而且在人口日益密集的地区也被当作公共机构共享时，原始城市的萌芽就出现了。

现如今，土楼间林立着混凝土砖砌结构住宅，占据了几乎每一寸空地。有时，土楼被遗弃，其防护墙保护的往往是村里仅剩的开放区域。

按照传统，土楼里的每户人家纵向居住在切分的扇形区域，各有几间房，通过公共走廊和阳台进入自己家中。因此，土楼最大的局限性在于难以改变或拓展个人居住单元。尽管存在这些限制，但我们发现仍有土楼住户愿意考虑集体生活。现代居民找到了全新的方式来拓展住宅。他们或是直接从土墙外将新建的房子与土楼贯通，或在保留公共空间的基础上，以独特的风格与布局逐节重建土楼。这不但是客观改造，还改变了合作的概念。它们代表一种全新的共识：群居的新理由是为了满足个体愿望。

在中国西部的香格里拉地区，我们见到了周围建有1米厚土墙的传统藏族宅院。过去，用土墙围起来的前院用于豢养牲畜，墙体还构成了双层斜尖顶房屋的外缘，并以粗壮的木柱和横梁支撑。近年来，这种牢固的住宅经过改造，利用容易购得的钢材和玻璃进行加盖。10年前，承建商从其他城市过来要花费几个小时，如今材料和建造技术都变得唾手可得了。

加盖部分通常面积很大，可以将原本的土屋和庭院包裹在新建棚屋里。

结果就形成了混搭建筑（巨大的墙壁支撑着钢铁和玻璃网格），看似相互矛盾，却适合低温极寒且光照强烈的高海拔气候。这种结构迅速风靡香格里拉及周边地区。新房通常在设计中融入玻璃结构。傍晚时分，城市景观由古老藏族城镇摇身一变，成了琉璃璀璨的现代都市。

当地建造者自由地改造有着数百年历史的房屋结构，使其重新展现出活力。凭借这种活力，乡村自建者和城市建筑专家一样享有"设计"这一特权。

正如在寻访中证实的那样，人们仍可感知传统民间建筑一处明确的特质：历时演进可以变换出多种形式，其种类繁多，令人难以置信。以往，这种演进是由集体建造过程引起的，而建造过程与当地世代相传的材料和技术相关。这种渐进过程使建筑与生活间保持着完美同步。

然而，一旦变化骤起，空间设计与其实现某种生活方式的能力间产生了分歧，会发生什么呢？我们考察了当地自建者为弥合这种分歧而改造住宅的方法，它们不仅揭示了创见，还提供了机遇，让建筑师得以参与其中。本书列举了其中的一些新方法，研究非正规建筑对受过正规训练的建筑师会有所启发，但反之是否同样可行呢？

I. 窑洞

引 言

　　林君翰在序言中复制的窑洞航拍图，取自"没有建筑师的建筑"展览，源于1933—1936年由德国飞行员格拉夫·卡斯特尔－吕登豪森拍摄的一组作品。起初，这幅照片难以辨清，光秃秃的树木为辨别方位和比例提供了线索。凑近观察，还可以分辨出照片中的人：他们身形微小，有的形单影只，有的成群结队，在平坦的地面上投下了长长的影子。阴暗的深坑间散落着土堆和通向地下的模糊小径。鲁道夫斯基的文本鉴定，图中景象是中国北方的一个村庄，位于陕西省西安市郊外地区，这儿的人住在窑洞里。

　　聚集的人群无疑在抬头望天，他们可能是第一次见到飞机。在《中国飞行》（*China-flug*，1938）这本格拉夫·卡斯特尔－吕登豪森的影集

中，除这张照片外，鲁道夫斯基还挑选了其他两张照片，是窑洞周遭的风景照：疏松的黄土裹挟着从戈壁沙漠向南吹来的沙子，地表平整且被划成一块块精准狭窄的土地。这种农业生产样式总被沟壑纵横的峡谷切断，农田边缘粉碎垮塌，表明土壤十分脆弱且随着时间推移不断遭到侵蚀。这些照片中央是一组窑洞和树木，与广袤的平地和成片千沟万壑的峡谷一比，便显得相形见绌。

窑洞就深嵌在这种土壤中，有的深凿在悬崖边，有的则直接挖入地下。起初，它们只是不规则的坑，但农民不停地挖土，它们就慢慢变深，逐渐形成立方空洞，宽高比为2∶1。这个坑洞便成了房间中央的庭院，其他房间则一个接一个地被开凿在庭院四周的墙壁上，垂直于墙面向土层深处挖凿8至10米，大小相当。几百年来，挖凿这些窑洞的方法和工具都从未改变——人们用原始工具刮铲松软的土壤，然后用临时找来的吊桶运走。人们可经坡道进入窑洞。坡道距主坑有一定距离，斜向下伸入地底，然后向庭院打通，经过一道装饰门可直入院子。这些窑洞的组织结构与中式四合院别无二致，公共生活在一个露天的四周封闭空间内进行，个体活动则在各自的房间内展开。

　　建造窑洞的地区历来都是极度贫困的地区之一。数百年来，毁林耕种模式导致本就贫瘠的土壤进一步恶化。地震时，黄土被搅成流动的泥浆，摧毁成片村庄。这些地方过去还因与世隔绝、盗匪横行而闻名，当地居民谋求生计的资源所剩无几——或许正因如此，窑洞极尽俭朴。在邻里帮忙或能一力完成的情况下，每当干完地里的农活后，农民就开始了缓慢挖凿的过程，时长可达数年之久。与大多数类型的建筑不同，窑洞需要定期维护，以保持黄土不被侵蚀。每隔一段时间，要定期抹上水和一层石灰与灰泥。如不注意维护也无人居住，庭院的墙壁最后就会分崩离析，立方空洞也会按照挖凿的过程，逆向荒废成大坑。

　　当地政府雄心勃勃，希望修建柏油路把各个村庄连接起来，接入到沟通全中国的庞大基础设施网络之中。为了实现这一目标，当地铲除了上方脆弱的土层，以触及下方更坚实的地面。如今，路边坡度彻底改变并出现了新的局部地貌。有时，地下窑洞的房屋能直接通往新建成的街道。交通发展到这种程度后，居民就能够脱离自给农业，转而种植水果和其他经济作物，并将产品运往集镇。而且，这意味着孩子们如今能去镇上读书，去城市上大学并最终到村庄以外的地方生活，和中国其他农村地区一样。

　　老夫妻俩留在村里，依靠子女的汇款生活，他们照看家庭并照顾年幼的孙辈。成年子女返乡时，他们有义务修缮祖宅并被此牵绊。政府计划鼓励乡民投身遗产保护活动与旅游业，于是他们便将窑洞改建为旅店和餐馆以招待游客。有些村庄重新设计了各个窑洞，用新地道将庭院彼此串联起来，并在各处引入了新项目：从一个院子到另一个院子，游客可以购物、用餐和休息，无须中途返回地表。然而，要实现上述内容并兑现政府支持、协助旧宅翻新的承诺，还面临着各种长期挑战。窑洞改造需长期坚持。

　　这些活动也给窑洞内部带来了变化。如今，卫生间与淋浴不仅常见，还常常带有通风换气功能，解决了潮湿问题。传统炕床（砖和泥土搭建的宽大平台，用附近炉子经管道排出的气体加热）已被床垫和白色床单取代。窑洞庭院提供了一个孤立的空间，甚至连周围的村子都被隔离在外。对游客而言，窑洞向他们展示了乡村生活景象。

住户们在改造窑洞的时候还在地表盖了新房。这些小房子有时是在当地建筑商的帮助下建成的，又窄又小，进深仅为一个房间的长度。它们建在住户土地的边缘，有时紧挨着进入庭院的坡道。如今，围栏也很常见，它勘定了边界并保护住户的安全。根据季节变换或天气变化，住户会从地表移居地下。夏季炎热，阴暗的窑洞住起来更舒适。一入严冬，土地又会辐射出蓄存的能量来温暖窑洞。一年到头，住户都可以在院子里做饭。在地表，新盖的房子带来了其他便利，比如卫生间、持续流通的空气，以及便于调节的暖气。然而，规则并非一成不变，住宅的理念把地表和地下空间联系在一起，而土地数据成为这一突出领域的一道新门槛。

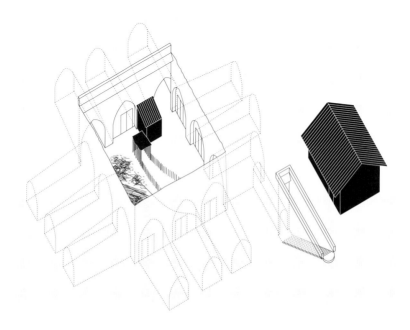

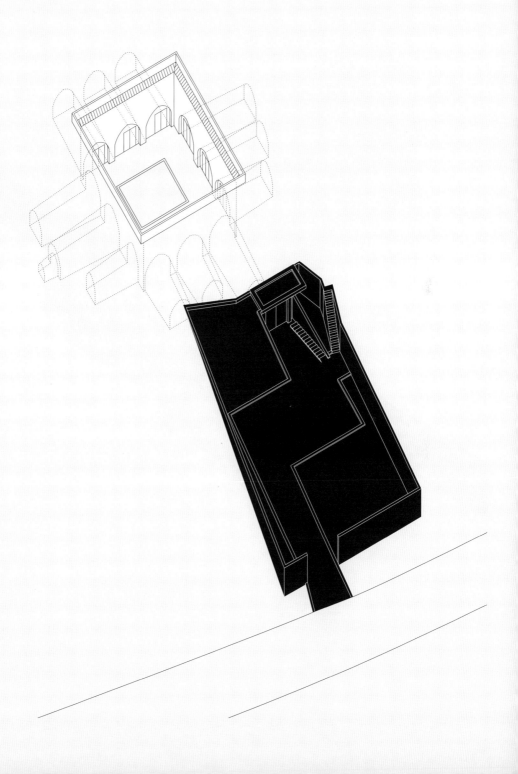

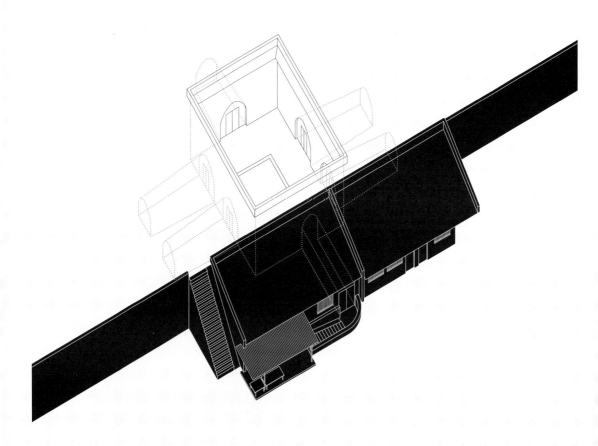

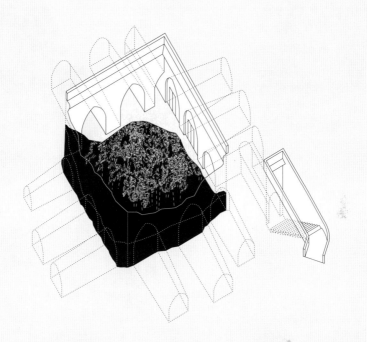

冬暖夏凉型窑洞

即使在地表盖了新房，住户也并未遗弃窑洞。待冬季严寒、夏季炎热时，他们反而会继续住在窑洞里。夏天，大片厚实的土地使房间保持适宜的温度。下沉庭院的深度阻止剧烈的阳光照射到其地面上。冬天，待温度降到零下，猛烈的寒风刮过平坦广袤的大地，土壤会辐射出积蓄的热量并保护窑洞免遭狂风侵袭。即便在春秋两季，当窑洞变得潮湿、令人感觉不适，住户也不会只在地表的新房里活动，而会继续在院子里做饭。为了能够在地表和地下之间往返，他们把新房盖在了穿过土层、直通下沉庭院的坡道旁。从夏到冬，或一天之中，这种在地表和地下间的来回移动成为居有其时、住以其深的新寓居方式。

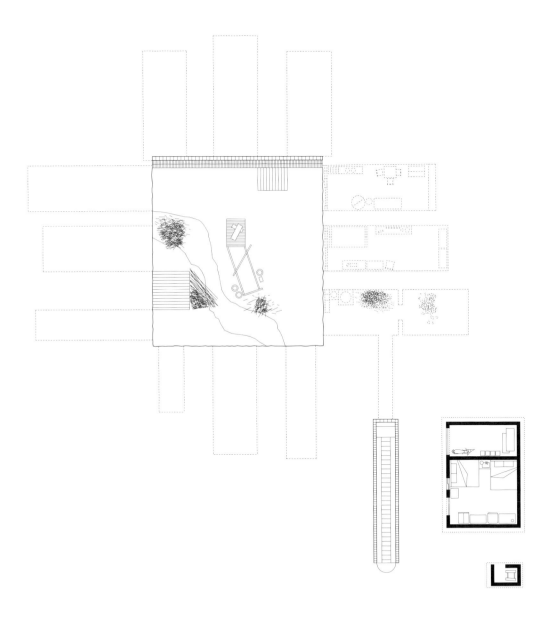

0   2m

驶入型窑洞

这户人家的长子从城市回乡接管父母的房子时，向政府申请了补贴，从而将窑洞改造成餐馆来招揽游客。首先，他建造了新入口，通往下沉庭院：坡道足够宽敞，可供车辆直接驶入。在坡道与新建成的街道之间，他还为游客修建了停车场和带遮阳座椅的景观花园。红灯笼不仅挂在停车场入口处，还挂在下沉庭院上方，以浮动的灯火张起一幕天顶。

院子的角落堆叠着一堆柴火，用来点燃传统炉具。几株小果树种在这个热灶区对面。有的窑洞用作包间，其中一间作为厨房，还有一个洗手间。在第二轮翻新过程中，这名长子安装了通风装置。工人们在松软的泥土中穿出狭窄的孔洞，安装露出平地的管道，向外排放水汽、异味和烟尘。新用途、现代化便利设施和各种技术使人们得以对继承的窑洞进行改造。

截取型窑洞

区政府修建了一条新路，从这户人家一侧的窑洞穿过，将原本密闭的房间夷为平地。受修路影响的邻居们填平了窑洞，盖起了普通楼房。这户人家则不然。利用挖掘产生的坡度变化，他们从新街面建了个直通下沉庭院的入口。入口由一系列房屋组成——包含住房与临街铺面。这些房间既可作为住所与公路间的缓冲带，又可充当原窑洞的挡土墙。入口处的台阶平行于路面，之后深入地下，再急转，最后进入坡道，直通旧院。住户向游客出售日用品和当地果园产的水果贴补家用，他们没有夷平窑洞，而是找到一种策略来调和突然面临的新情境。

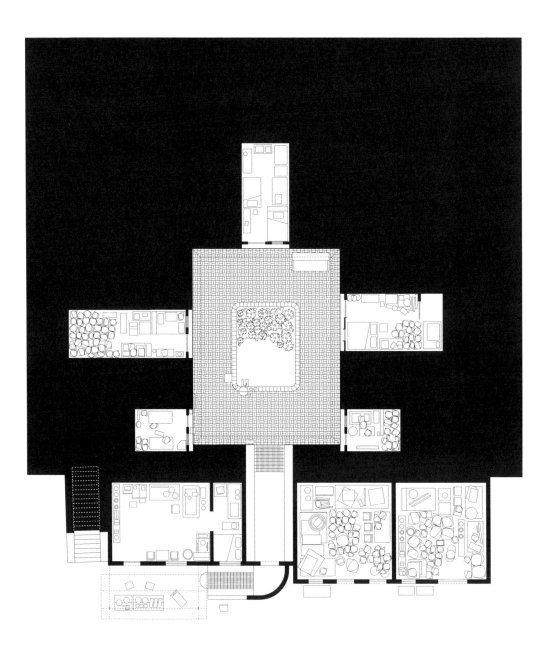

0   2m

回归自然型窑洞

几年来，由于疏于维护，窑洞中距离更近的两侧向内塌陷。然而，院子塌陷一侧的对角处却依旧完好，铺满瓦片的房檐勾勒出尖利的剪影。这户人家回村接管土地时，决定在地表盖新房，待温度适宜时，他们在院子里做饭，窑洞则用来储藏和休憩。为了让院子在晌午（甚至夏季）也能荫蔽而凉爽，他们在高低不平的泥地里种下竹子、蔬菜和一株果树。窑洞塌了一半，而树木却扎根下来，欣欣向荣，窑洞仿佛又回归了自然。通常，人们遗弃窑洞后，泥土就会塌陷。久而久之，院坑不断遭受侵蚀，且被北方刮来的沙土掩埋，就闭合了。对这座窑洞而言，这一过程戛然而止，而且现在住户的日常活动还确保了生产力的恢复。利用泥地、花园和竹林，窑洞颠覆了该地数百年来地表耕种、地下居住的组织形式。

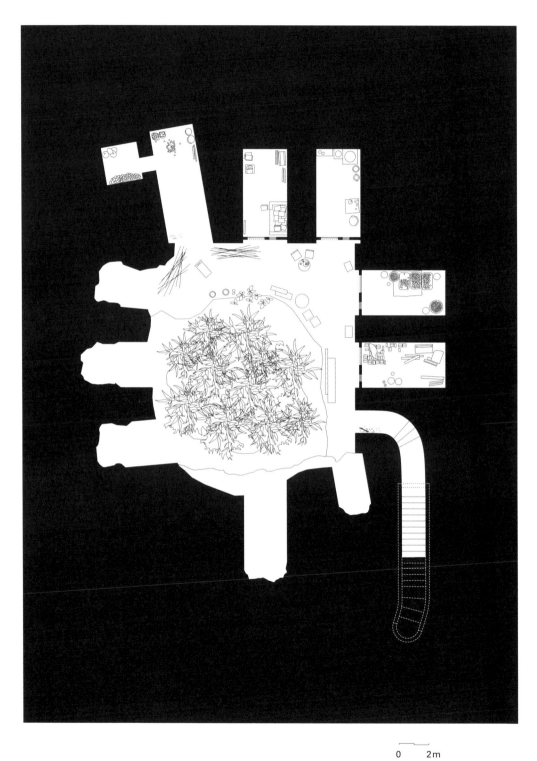

0   2m

采访

旅店老板，陕西省西安市，附近农村，2018年6月

从2016年算起，我们已经在这里生活2年了。之前20多年，我们都在城市工作。后来我们离开城市返乡——就回到了这儿。

我和爱人一起开了这家旅馆。游客食宿费是我们主要的收入来源，但我们也是农民，会卖些农产品。我们在附近地里种了小麦、玉米和水果。

我们村翻修了115个窑洞，还有30个没有翻修。政府出台补贴政策前，有30到40个窑洞已经填平盖了现代化住宅。很久以前，村里只有窑洞：几乎没有在地表盖房的。近年来，政府宣布了窑洞翻修资助计划，从而更好地实施保护。

窑洞经历了多次变化。因为资源匮乏，祖宗才发明了这种房子。窑洞没电，周围也没到镇子上的路。窑洞的院子解决了一些基本生活问题，比如在没电的情况下控制温度。几年后，在政府的帮助下，各村都挖了水井。现在，有的院子已经用上了地表供的自来水，但有些窑洞还没有。这取决于2014年翻修过程中住户是否向政府提出了诉求。

以前，我们得走老远去一条小溪打水。当时有句话叫作"水比油贵"。后来通电了，大家现在能用上空调和暖气了。窑洞可以说是新老结合，住着开心又舒服。

2016年6月，窑洞旅馆开张，到现在已经整整2年了。我们尽力满足世界各地游客的需求，在没有破坏窑洞的基础上进行了扩建，原本仅能容纳13名游客，现在可以接待40人，还增设了卫生间和淋浴设施，在这之前是没有真正的卫生间的。就像大家说的那样，以前我们"在地上挖个洞，里面放个桶就解决了"，客人们用不惯，所以我们才开始考虑建真正的卫生间。

窑洞翻新是我和爱人一起设计的，但活儿是请人干的。因为讲究专业技巧，所以我们自己干不了。每间房里都有暖气，取暖器是后来添置的。方圆几百里，只有我们一家有暖气。如今除了厨房，每间屋子都有暖气。翻新的时候我们还添置了通风管，因为老窑洞房间的通风不太好。我们用洛阳铲（一种钻探工具）从地表挖洞，一路挖到地下的房间来铺设管道。只要门开着，就能通风。窑洞里，房间通风可不像地面上那么容易。引入通风系统前，长

期住在窑洞里的人往往容易得风湿之类的病。这种情况也影响了当地人的饮食习惯。这儿的人都喜欢吃辣椒和胡椒去湿气——身体里的潮气。第二批房间翻新的时候增加了通风系统，因为有客人向我们投诉过。当地人已经习惯了潮湿，但其他地方的人可住不惯。

我和爱人打算进一步改造旅馆。现在，我们有9间房，8间是客房，客人还得共用卫生间。目前的计划是在8间客房的3到4间里添置卫生间，拉开房间档次，设置更多豪华间和标准间。房间各有特色，但每间都至少有一张或两张热炕，大到可以容纳3到5人，根据房间大小来定。对于增加卫生间的那几间房，我们打算盖成更标准的套房。翻新确实要花不少钱，现在我们手头还没那么多。

客人来自天南海北，有中国人，也有外国人，有瑞士来的，美国来的，还有许多其他地方的。外国人长得不一样，能看出来，中国人就是全国各个省来旅游的。有的人是从网上查到这儿的，有的是朋友介绍的，还有自己找到这儿的，不晓得用什么方法。通过互联网，我们在高德、百度和搜狐注册了位置，大家可以直接搜到我们旅馆。我们自称"高家客栈"，村子里的旅馆一共有5家，我们是唯一一家姓高的。所以如果你问"高家客栈怎么走"，就会有人给你指路。其他旅馆和住宿的名字更复杂，也更富有深意，但我们没想那么多，这名字简单好记。

除了客人，只有我们夫妻俩和儿子住这儿。我儿子有时住镇上的房子，也不远，离这儿就4公里。不过以前这儿住的人可不少：爷爷奶奶、公公婆婆、小叔大伯、姑姑、叔婆婶母，各自的爱人和孩子，林林总总一大家子人，往下还分各自的小家。后来家庭成员不断增多，窑洞就渐渐住不下了，有人就向政府申请了新住处。随着越来越多的人搬走，窑洞只剩下爷爷奶奶。要注意的是，窑洞有个特点：房间平时有人住的时候，想要维护得好几乎毫不费力。可一旦房子没人住，空了出来，那很快就烂了。4年前，我们开始翻修的时候，院子有面墙已经朽烂。

窑洞的布局和用途跟原来差不多，只不过材料从只用泥土变成最后铺上了砖块和瓷砖。有人来了以后说不够原汁原味，但也没别的办法。要想翻新房间来招待世界各地的客人，就得在传统建筑中加入现代化元素。如今，窑洞可谓新老结合。曾有客人想体验纯正的窑洞，我就带他们去还未翻修的房间。可一进屋他们就改主意了，里边太暗了。

20年前，我们夫妻俩在镇上工作，算不上有钱，但收入稳定，够养活自己。我们在一家合成纤维厂上班，生产半成品。我爱人2008年辞职，我2010年辞职，我俩都受够了在厂里上班。他辞职后开长途车，我就待在家里找点零活做。有好几年，我俩工作都不固定，大多数时间都在四处游荡。2016年，我们终于回了村，主要是因为公公婆婆老了，需要我们照看。2014年，小叔子一家从村里搬到了镇上。感觉我们差不多掉了个个儿。刚回村那会儿，我们想种地，但种不大好，得跟有经验的人学。

我和爱人接手了窑洞，当然就得承担费用。即便政府给了补贴，要翻修窑洞还得花20多万元。在村里，我们的收入主要靠果树，但年收入最多也就在1万元上下，还得买工具以及其他种地要用的东西，又要付工人工钱。我们也清楚，接手窑洞就是接了一大笔债，但作为长房又不得不接。我们给公婆写了份保证，3年内还清欠债。

刚开始的时候窑洞啥也没有，没有Wi-Fi、卫生间和暖气，要啥没啥。我们已经盖惯了花花绿绿的传统被套。但后来我们意识到，即便一客一换，把被套洗得干干净净，客人也挺嫌弃，因为他们看不出来被套洗干净没有。后来翻新窑洞的时候，我就把被套统一换成白色亚麻的了。旅馆里的陈设也从乡村风格逐渐转变为人们普遍接受的风格。翻新计划也在不断根据客人的反馈而改进。

我们不仅仅想挣钱，还要过好日子，广交好友。我们没有过度打广告，而是希望顺其自然。没客人的时候，我们就干干农活。家里还留着耕地，因为我们希望大家住进窑洞的时候能感到住在真正的农户家。客人还能在地里采摘东西自己煮。我们唯一的要求是不要浪费粮食。

我们需要钱，这是难免的。家里上有老人要照顾，下有孩子结婚需要彩礼。最重要的是，有些债还没还清。将来如果经济条件允许，我们也想到处走走，看看别的地方是啥样。我想肯定和我们这儿大不相同。

不过，我挺喜欢村里的，这里有400多户人家，看上去不少，但其实并不多。大多数村民都老了，50多了。不到40岁的人大多搬到镇上或市里了。村民都挺友好，跟城里可不一样，我们两头都体会过。

住镇上的时候，每天过得都一样，家和工厂两点一线，成天都是那些事儿。除了上班，我俩唯一去的地方就是菜场，买点东西回来做饭，根本没机会交友。可现在不一样了。在院子里，我们每天可以做自己想做的事。夏天，一到晚上，和我同龄的姐妹们饭后会去村子中心的广场跳舞，其他人则坐在周围聊天。村里不像城市，有那么多文娱设施，但也没啥关系，坐在屋外吹着小风也挺自在的。在镇上的时候，但凡有点小事出了问题，我就会发火。但现在我遇到任何事都不会那么暴躁了。

冬暖夏凉的窑洞住户，河南省三门峡市，附近农村，2018年9月

窑洞已经有几十个年头了（至少30年），房子是近20年前盖的。当时，人们开始不愿意再住窑洞，我们就是那时候在地表盖的房子。盖房是为了生活更方便。我们雇工人帮忙盖的，没花多少钱，人工费便宜。那时候每人每天只要10块钱，现在至少得100。整个过程也没多久，我记得就几天。盖房的砖头也不太贵。原来这附近全是泥坯房，但现在都改用砖头了。

以前这边都是平地，我们请工人挖出了院子，用的都是手工工具，沙土都用篮子吊走。20世纪80年代才用上挖掘机。如果院子朽烂了，可以请工人来修。如果没烂没坏，就放着不管。但现在挖不了新窑洞了，以前的工人要么老了，要么去世了。有的窑洞里住过四五代人呢。

这块地以前都是平地，路在修之前就是条土路，很不方便，一下雨车就难开。天冷的时候我们就住在地上的房子里，天一热就下去住窑洞。天热的时候，吃了饭我们就去院子里乘凉，但大多数时候我们还是住上面，因为方便很多。我们在地上的房里吃饭，厨房也在这里，我们不到院子里吃，现在院子都用来放东西了。还有户人家在地下院子里盖了间小屋子，但不如我的好。

我大儿子36了，我也55了，我老伴60。房子一盖好我们就住这儿了，之前都是挖窑洞住。是啊，一晃至少40年了。

在这之前，我们住在另一个有100多年历史的窑洞里，结婚还是在那个老窑洞里。当时一家三个人：我老伴、公公和我。但他（公公）前些时候去世了，二哥后来把老窑洞翻新了。我老伴有两个哥哥，几个姐姐，他是家里第三个男孩，所以老窑洞给了二哥。那可比我们这个窑洞好多了！但那儿已经上了锁。

我两个闺女都嫁人了，跟丈夫住一起。儿媳跟儿子一起搬去三门峡了，还有个小孙子也住市里。当年这附近还有所学校，过了几年，学生全都搬去市里了。学生们以前下课常跑这儿来。现在就连最近的学校离这儿也有点远，那里也没多少学生了。现在只有我们老两口还住这儿。上次你应该见过我小女儿了，她不住这里了，和丈夫一起住路那头。每年过节的时候，家里人都聚不齐。年轻人总得工作，脱不开身，要么就是晚点才能回来，通常大年初二才回。

II.

木屋

引 言

　　侗族人的木屋建在河谷地带，在中国中南部都能见到。传统木屋的位置、蕴含的文化认同与建造工艺间的关系已经被新的建筑工艺彻底改变，新工艺使用便宜的工业材料而且不太需要技巧。中国其他地方也发生着类似的变化，导致传统村庄的建筑结构被普通的混凝土结构取代，搭配砖块、块状填充材料和瓷砖建成。在侗族村寨，这种普通的房屋越来越多，新旧建筑方法间的冲突也日益常见，冲突带来了创新的构造方案和空间原型，承载着新的生活方式。

　　直至20世纪，侗族人才有了文字，此前，他们依靠口耳相传、手工制品和仪式来讲述自己的历史。木屋代表其身份中重要的一部分，构成物质文化的一个方面，其建造与特性都充满意义。这便使得木屋的变化显得愈加重要，因为它关乎社群如何看待自己。该地建造者旨在保持社群文化的独特性，同时也意识到社会与经济变化已经改变了人们的生活。建造行为本身成为一种方式，调和着这几股相互碰撞的力量。

建造与侗族身份之间的传统关系凝结在木质建筑结构中，该结构为家庭提供了潜在的空间布局。按照传统，侗族人会用在村庄周围砍伐的杉木来盖房。他们一边举行特殊仪式，一边伐木，标记并把原木切割成各种大小的构件与接头，并用一整天时间把各个部件组装成完整的房屋框架。通常，这最后一步需要召集全村人在一天之内完成，具体日期则是提前仔细选定的。而房屋框架在后续工作中能发挥脚手架的作用。

掌墨师负责计算各构件长度和接头角度，他们在村中受人敬重，通常世代相传。虽然很多人会帮忙干木工活（准备木料并组装做好的部件），但鲜少有人能达到掌墨师的水平。整个过程大多不用图纸，几乎完全依靠掌墨师积累的知识和建造直觉。人们都是在盖房的实践过程中发展建造技术并分享经验的。

地板、墙壁、窗户、家具和木屋框架一样，均采用杉树木料，用传统手工艺制作而成。杉木还用于造船（河流沟通了峡谷里的村庄，因而船只原本很常见），也用来做棺材，而棺材常常就置于悬空木屋下方的空间里。虽然房屋框架需要择一黄道吉日组装架起，但房屋其余的部分可待时间、人力和钱财齐备的情况下再建造完成。一年中，各村总会有一两座搭建完成的房屋框架，其中最上方的金黄色房梁还会系上红丝带。人们举办各种仪式一方面是为了确保工人爬高时的安全，另一方面是为了祝祷房屋盖好后，里面的住户家族兴旺。

房屋框架分隔成几个相同开间，决定了其开放性，这使得房间的布局安排更为灵活。一楼房间围绕开放的中心区域来排布，该区域有时会用来生火。住户可以将任意房间当作卧室、起居室或储藏室。二楼通常是迎风半敞的。

如今在乡村，人们可以自己盖房来满足实际需求并不断改动房屋，这种可能性引入了新的建筑方法，在侗族房屋的框架中不断变更原计划需求。村民与其木屋的文化价值联系在了一起。近年来，侗族的生活居住方式吸引了大批游客自驾或乘高铁前来游览，侗族人获得了更多关注，这令他们感到自豪。但同时，他们也意识到其传统建筑方式的脆弱性。

侗族房屋的木桩不是打进土地里的，而是插在石堆中，越发难以预测的洪水可能会冲走整栋房屋。因为老木屋是通过榫卯结构严丝合缝地搭建起来的，它们会像木筏一样在洪水中漂流，直至遇到障碍物时被撞得粉碎。其他时候，山体垮塌的泥土汇成泥石流，把存储家居用品、工具和电器的房屋底层统统掩埋。木屋还很难取暖，不易加装电线和管道。

随着村民从城市返乡，或利用汇款投资，他们会改造房屋并做出调整以应对这些风险。当地法规允许适度改建房屋，尤其是在房屋底层用混凝土砖块结构取代木结构或与木桩混建。从前，屋底完全敞开以适应地形。如今，屋底通常会被夷平，用灰泥和砖块砌墙围住，营造空间用作厨房和卫生间。

峡谷公路旁的村庄见证了翻天覆地的变化。盖房要用混凝土，人们便需要从附近城镇运来工业材料，而工人则需要掌握一套新的建造技术。村里的木工学习这些新的建造方法，将其与自己传承的知识相结合。木工的子女可能会到附近城市学习，取得工程、建筑或林业管理文凭后返乡。如果回到村中继承父辈衣钵，他们就会在施工时选取新的可用材料，使用CAD（计算机辅助设计）图纸或模型作为参考。

虽然混凝土建筑和木屋的建造成本差不多，但水泥流转的速度更快，对技术的要求也相对更低。不同于木屋，混凝土房屋的墙面为住户提供了一个封闭的空间，几乎一完工就能入住。混凝土房屋空间有限，其所呈现的功能可供性有别于木屋的相同开间。有的混凝土住宅包含木质阳台或整层木质房间。这种混建结构有时是利用邻村或峡谷里废弃房屋的拆除部件建成的。每个运来的组件上都拿粉笔标注了它能在重建房屋中被用到的位置。

木屋培养了侗族村寨共同生活的组织结构，将屋外空间与屋内私密生活联系在一起。房屋彼此邻近，相邻的建筑通过上层走道连通，而露台延伸了家庭生活，这意味着房屋成为巨大空间关系网的一部分，反映出村里家庭纽带的复杂性。新式混建房屋体现了这些家庭结构关系的变化，联系全村的纽带在直系大家庭面前已变得不那么重要了。由于更趋于内向化，混建房屋有时并不像传统侗族房屋那样通过重要的、集体的功能可供性来应对外界问题。新房一改村寨面貌，自建者也倾向于用混合建构试验重申公共维度，以应对侗族社群内共同生活方式的变化。

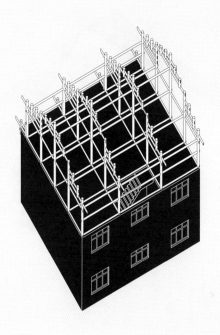

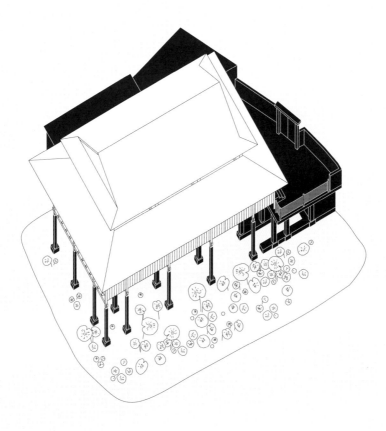

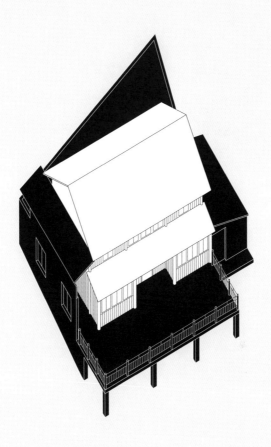

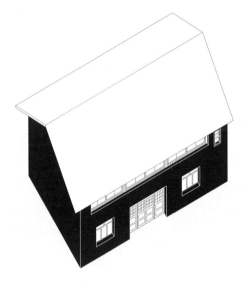

高速路边的房子

原屋被拆除了，住户在紧邻新高速公路的地方又盖了一间。这条公路沿河而建，河流蜿蜒，穿越峡谷。房屋建于新的混凝土结构上，包含河床上四根柱子支撑的架构，通过步行桥与公路相连。目前，这间建在高速路边的房子，成为政府检查入谷货车的检查站。在原先的构造中，木桩从地面直通房内。由于木桩通常插在石头堆叠的地基上，当地频发的洪水有时会把房屋卷走。如今，混凝土构件与木结构分离，保护房屋免遭下方河水侵袭。住户运用大量木柱、木板和架构，才得以拆除房屋并在新址上重建。采用混凝土后，住户便能在新情境中重复利用原屋构件。

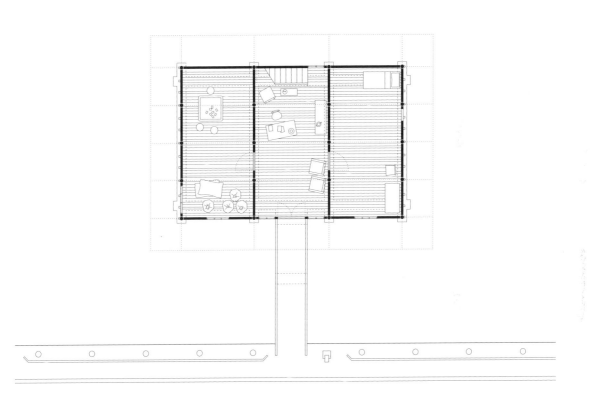

房上房

这户人家决定在自家楼房上加盖一层斜顶木屋。上下两座房屋的尺寸和空间布局均遵循传统设计：三开间，中间是开放区域，两翼各排布两间房。按照传统房屋布局，这意味着主要空间通常用于生火，其他房间则没有固定用途，因而可以按照家庭需求来布置。楼房大门正上方是可以眺望田野的室内阳台，房子正面镶满了一扇扇铝窗。盖房的砖块大都抹上了灰泥，漆成白色。背面的楼梯直通二层，顶上是敞开的传统木屋框架。传统房屋的住户往往都在这样开放的空间里熏肉、晒谷子、存放手工艺品。斜屋顶创造的空间几乎将顶层高度提升了一倍。家庭日常活动在下层普通楼房和上层传统开放式木屋间展开。这间住宅新旧结合，博采众长。

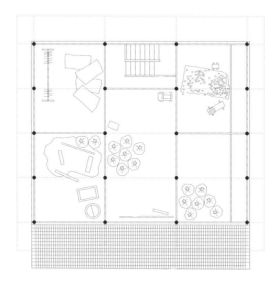

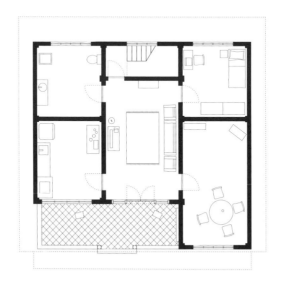

0   2m

池中房

这座房子曾建在偏远的小山坡上，俯瞰着村庄，村庄从坡上一直绵延至山谷。屋主想更靠近新修的公路，方便往返于附近城镇，于是拆除了房屋的木构件并将其一一编号，待公路建成后便将这些造房的木料运抵新址。然而，重建房屋的地段带来了新挑战：几步之遥的地方有条河，一到雨季便洪水泛滥，这就意味着房子会一直处在潮湿的环境中。以前支撑房屋的木桩被砍成木墩。如今，房子建在高挺的砖柱上，下面都有混凝土底座，深扎进湿软泥泞的塘底。街道和抬升的一楼之间的缝隙处搭建了水泥平台，整洁地码放着柴火和剩余的建筑材料。平台建好后，这户人家又在屋后造了间水泥厨房，下面用砖块围了个几乎四面环水的狭小厕所。很快，主路上的噪音、尘土和尾气变得令人难以忍受，于是他们又在池塘中伸出的细水泥柱上添了一道封闭的木质门廊。如今，人们要穿过中间门廊才能进入原先的木屋。房子较短一侧的新平台直通街道。随后，他们又加了几道门以作防护。新址带来的挑战促使这户人家营造一些过渡空间，平添了新颖而出人意料的特质，使房、水、路之间变得和谐。

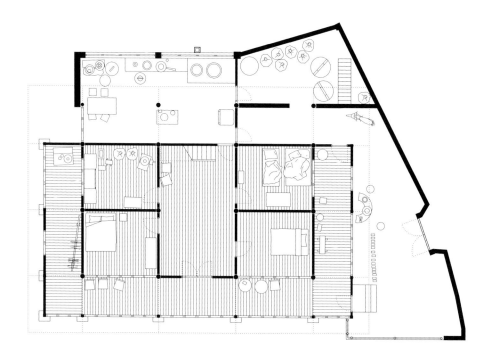

墙宅

传统木屋和新的混凝土框架组件，完全占据了形状不规则的地面。屋前主路蜿蜒，穿过峡谷，连通了村庄与地区城镇。在公路与传统木屋间，这户人家搭建了露台，由地面伸出的几根水泥柱支撑。他们在露台下方存放建筑设备、工具和一辆小型摩托车。屋子后面是新盖的房间，三角形平面几乎挨着地基界线。光秃秃的混凝土建筑结构大部分尚未完工，但也并未干扰到木屋。这户人家逐步、缓慢地盖着新房，因为盖房主要依赖两个儿子的分批汇款。房屋后墙上有三扇巨大的窗户，住户在窗下安装了带水槽和烹饪区的厨房台面。在三角房最狭窄的角落，一个紧缩的空间通向刚建的新房。几个月来，住户只盖了道平行于原来木屋一侧的砖墙。等有了钱，他们就会在上面加盖斜尖顶，营造一条密闭的通道，从房前露台直通后方。木屋另一侧差不多大小的空间被用作卫生间。将来，前边的露台可能也会封上，围绕中间的木屋形成一个回路空间。

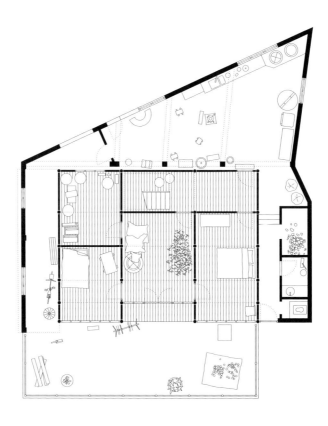

0   2m

加设外墙的房子

　　住户组装、竖起房子的木框架并建好屋顶后，用混凝土和砖块砌了一道外墙。比起运用传统方法连接木构件，砖墙完成的速度更快且需要用到的技术更少。用传统方法搭建的木围墙不仅透风，而且无法阻隔街道传来的噪音，而新外墙几乎不透风也隔绝了噪音。外墙是薄薄的两层楼高的墙壁，与内部的木窗格结构分开（大多数时候相距几厘米）。屋内，围出各区域的木隔板与已完工的平滑水泥墙面形成了对比。厨房和卫生间的管道都固定在抹灰墙面上。在房屋较短的一侧，木屋和外墙间还架设了狭窄的木梯。房屋只有第一、第二层墙面抹了灰泥，自第二层往上，毛砖砌满了整面山墙，但尚未完工。砖墙与屋顶的接合处，形成一个倒置的∨字，光从这里透过缝隙照射进来。光秃秃的抹灰墙与木料接合的过程中，一种生活方式也融入了另一种生活方式之中。

0   2m

采 访

木匠的儿子，贵州省黎平县，2018年7月

我从2011年开始学木工活，我父亲是1982年开始学的。在大学学完计算机和软件工程专业后，我才学的木工活。现在除了在电脑上画图，我不怎么用得上自己的专业知识：大多数时候都使用AutoCAD软件，不过我现在也正学着用Sketchup软件。

如今很少有年轻人干木工了，但我还是因为家庭回来了。父亲和他的3个哥哥都是木匠，手艺都是从舅爷爷那儿学来的。舅爷爷也是木匠，不过已经去世了。我们这儿大多数木匠都是他的徒弟。父亲干了30年木工活，只在上完初中时去云南当了2年兵。

在我很小的时候，经常看着舅爷爷教父亲和几个伯伯干活。他们一有问题就去请教舅爷爷。后来父亲成了掌墨师。我记得他大概花了5年时间。有的木匠终其一生都当不上掌墨师。你得会把握细节：仔细观察且过目不忘。尽管有的木匠了解房子的整体方案，但他不理解细节：测量至关重要，而且还要会计算。

掌墨师会画出房屋构造，有时还要做些小模型。现如今，有些人事事都离不开电脑，但我还是会做模型。老掌墨师不太需要思索房屋结构，他们心里都有底，不用再三考虑。我学木工活学得快，因为我边学边练。有时建造过程中出现问题，我就快速想办法解决，然后学着在画图的时候就提前考虑这些问题。

盖房的时候，我们还是用木料，但也会使用混凝土和砖块。我还没给混建项目画过图纸，只给木屋画过。对于混建房，我通常只画顶层的木结构部分。对于更复杂的项目，如果我不先画出木结构部分，就会犯错。近些年来，我们很少接到盖房的项目。房子实在太复杂了。当然，房屋结构本身并不复杂。很多人知道该怎么干，成本也不高。但是安装木板需要耗费大量时间。我们得等木板完全干透才能安装。如果木板还没干透就装上，将来一定会开裂。复杂就复杂在这一点上。

百年以上的老房子在木柱中间有榫卯接头。这种房子很难拆除。因此，有些老房子即使柱子底部已经腐烂了，房体倾斜了，但还是不会倒。敲击木柱，接头就会锁紧。如今，木匠们不会那样盖房了，因为很难拆除，以后也不好翻新。然而，即

便没有榫卯接头，房屋的木框架还是有点复杂。

木框架必须建得很快，因为需要一天内完成——吉日当天。干这活需要很多人，人数基于掌墨师收徒的数量，还取决于掌墨师标记木料让学徒切割的速度。如果学徒过多，掌墨师标记的速度就会赶不上学徒分切木料的速度。如果掌墨师速度快，则需要大概5名学徒。

如今，村民通常不会帮忙盖房。过去，大概上世纪七八十年代的时候，人们还是会一起来帮忙的。如果屋主一家经济条件不好，亲朋好友还会帮着盖房。

承建商按工程量开价几千——甚至上万。如今工人工资越来越高了，木材也越来越贵，所以现在很多人都盖砖房，因为砖房成本低。就木屋而言，木结构并不贵，但晾晒木板要花时间，因而盖木屋的时间也要长很多。

盖房要举办仪式，例如上梁仪式。如果我要给家里盖房，我娘家的亲戚会在凌晨四五点时上山，趁着没人发现，从我们地里偷砍一棵树——现在都会提前告知主人，买好了树放那儿等着——娘家亲戚会把树带去仪式现场做最上面那根房梁。通常这根房梁都是象征性的，不会真用来盖房，因为这根金黄色的房梁会是稍稍弯曲的——不能过于笔直。这意味着屋主希望子孙后代说话做事都不要过于刚直，凡事都要三思而行，留有余地。仪式上还会散糖。乔迁新居也会散糖，无论是木屋还是砖房。如果是砖房，通常会盖个斜顶。我们会在屋脊下方升上一根木梁。

如今，是否举办仪式已不那么重要了。我们不再迷信，但还会这么做，因为乡下有些人还未改变这些古老的信仰。竖起木框架后，还要举办祈求平安的仪式。现在盖房都会用钢结构脚手架和其他设备，但只有举办了仪式人们才放心。还有的时候，屋主会举办庆祝活动，全村人都会聚在一起吃席，每个到场的人都会出份子钱。例如，我们最近在乡下盖了个亭子，夜里开始施工。一开始，我们竖起一根柱子，等它完全直立后，就开始放炮。

我们这里有各式各样的房子，有纯木屋、下面是砖上面是木头的房子，还有带木框架的砖房。最后一种成本更高。地方上曾不允许我们盖纯砖房，得在外面用上木料。几年前，甚至连这种混建的房子都不让盖。

他们不让我们用砖盖房，父亲便画了张房子的图纸，里面用砖块，外面用木料，从外面分辨不出这是砖房。他把图纸拿给工作人员看，他们就没说什么了。后来，上级部门派了一批工作人员来看了父亲的房子说："我们应该大力推广这种风格！"就没让拆掉房子。

木屋易燃，也无法抵御洪水，不好通

电也不隔音。砖房可以提供更好的生活设施。如果像父亲画的那样盖房，从外面看是木屋，也可以保留民族文化与建筑风格。

建造方法主要基于屋主的想法和该地掌墨师的意见——无论其技巧和设计是什么，什么类型的房子都能盖得。我觉得，即便与城市的房子相比，这片地区的房子也是建筑设计的绝佳案例。任何类型的房子在这儿都能找到。有些房子是修复的，有些房子是新建的。

在市里上学的时候，我见过塔楼和别墅，与我们的居住方式截然不同。我曾想过要努力赚钱盖那样的房子。每个人从城市返乡的时候都这么想，于是他们回来后就开始盖各种各样的房子。

我们这里的人都是农民，他们什么都能干，包括盖房。从某种意义上说，他们不需要花钱雇设计师，自己就能设计。城市里的农民工盖的是设计师设计的房子，每一步都严格按照设计师画的图纸去做。返乡后，他们就可以利用学到的知识自己盖房子了。

耕种梯田的农民，贵州省矛贡乡，2017年11月

我和丈夫一起务农，种水稻，养猪，养鸡，还养鸭。以前，我们养过100多只鸭子。我在这房子里住了25年了——结婚就住这儿，当时21岁。我是出生在村子里的，丈夫是另一个家族的。

从前，我公婆在这里还有间老房子，但很久以前就拆掉了。他们，也就是我公公婆婆，生了4个儿子。这栋房子是给老大和老四——我丈夫——盖的。他们还给老二和老三两人另盖了一栋。但第二栋房盖好前，四兄弟曾经同住这一栋，两个住楼上，两个住楼下，非常挤。后来第二栋房盖好了，老二和老三就搬出去了。老大买下了他们的房间。后来，老大也搬出去了，我们就买了他的房间。于是我们夫妻俩就拥有了整栋房子。结果也挺好，因为我们生了3个孩子，确实需要整栋房。

以前我们在汕头工作。我在制衣厂上班，丈夫在箱包厂上班。公婆帮我们照看3个儿子。但后来，公公生病，再也不能下地干活，我丈夫就回到了村里。3年前，老人去世了。我留在汕头，在厂里多工作了2年，丈夫则在公公的地里务农。我们需要花钱请人盖个水泥谷仓，于是我就留在汕头打工。

房子也大变样了，我们进行了扩建，在后方增加了3开间的空间和地下室，还盖了我说过的谷仓。10年前，我们重新盖了厨房。以前，几兄弟同住的时候，有2个厨房。我们的厨房在边上，伯伯们的厨

房在房子后边。但无论如何，2间厨房都和房子连着，用金属板当门来做隔断。就像我之前说的，后来我丈夫的哥哥们盖了新房搬走了。我们就把2间和房子相连的旧厨房拆了，从而能够扩建房子，建了新厨房和储藏室。

大概7年前，我们盖了淋浴间，但还是没有热水器。以前，我们夏天在挖出来的一块地方洗澡，冬天在小院子里洗。

厕所在屋外靠近公路的山坡上。搬去汕头前，房子都没有大门，我担心丈夫离开村子去汕头打工时家里不安全，感觉还是有个门更安全些。

3年前，我们建了个地下室，花了整整一年时间，挺辛苦的。我们用锄头挖土，用肩扛出来，然后堆在这儿。从前，后门前的这块地比现在低，现在堆了土以后抬高了。我们还砌了混凝土砖墙。这里过去是用铁皮围起来的，但并不安全而且年年都得换。地下原本有个火坑，但我们换成了炉子。它原来是黄泥火坑，四周用铁皮围起来——和原来的那2间老厨房一样。

如今，我的大儿子和二儿子在广州搞室内装修。大儿子有时会寄钱回来。忙的时候会寄一两千：比如收水稻的时候。二儿子寄来的钱也差不多，但他同时忙着学习，学计算机。课时费要5000块钱。因为我们也没钱寄给他，他就得自己攒钱报名。我三儿子在深圳一家电子厂上班，不过他刚离开家几个月，还得管我要钱买火车票。有时我们会打打电话。

我们已经没钱翻修房子了，也没钱在地里靠近主路的地方盖新房，反正我觉得我们现在干不了。有人在地里靠近公路的地方盖新房，他们已经从山坡上搬下去了。现在遍地都是新房，越来越多。还有人在镇上买了新房。但我喜欢住在山坡上，这儿离地里近，种庄稼种菜都方便多了。早上起来，我会做早饭，然后做好猪食喂猪。喂了猪我就做午饭。休息一会，我就去山上的地里。大约下午5点钟的时候，我就回家做晚饭。我晚上会看看电视，9点多就睡了。

III.

集合型住宅

引　言

　　数百年来，带土墙的多层土楼一直是福建省西部地区文化的一部分。这种集合型住宅的不断建设体现了此类建筑适应生活方式变化的能力。过去，发明土楼的客家移民定居在福建偏远地区，希望这种隔绝状态可使他们与人口密集的本地人聚居区保持友好距离。与世隔绝的状态也激发了此类建筑的防御性与集体性特质，保护住户免遭土匪与野生动物侵扰。最早的土楼还有石头堆砌的厚重墙壁，证实了其最初的防御性功能。后来，一种集体用泥土建造、不太需要技巧的建筑方法就盛行起来了。

　　从20世纪70年代起，福建土楼的建造历经了翻天覆地的变化。如今，许多土楼都被扩张的城市重重包围。新的基础设施网络将更多的偏远乡村与城市地区、经济机遇联系在一起。2008年，46个土楼群被列入联合国教科文组织世界遗产名录，引发了人们关于保护土楼的讨论并带动了该地周边的旅游经济。在其他村落，许多土楼都人去楼空。然而，土楼的集体生活方式持续散发着魅力，引导人们做出改进，有些案例非常值得关注。这些创新融合了土楼的组织逻辑和新的空间理念。结果表明，土楼的核心区域不但布局灵活，还彰显了其维持当代集体生活方式的能力。

　　这座土楼包含了一道几层楼高、一至两米厚的外墙，墙体往往是用泥土、糯米、蛋清和糖的混合物建成的，用竹子或杉树枝加固。在最早的土楼结构中，外墙围成的是圆形或椭圆形，但方形和长方形也十分流行，具体视该地地形而定。土楼其余结构取材于周边的树林，巨大的木材制成了地板、隔板、室内走道和楼梯。各家各户垂直居住在叠高的房间里，向内望着中央庭院。用铁板加固的厚重木门守卫着连接院内与院外的唯一入口。风穿过大门吹进院内，墙壁吸收着夏天的热量。楼上留着一扇扇小窗，人们可以透过它从墙壁望向外面。

　　集体建造土楼的过程十分缓慢，因为每一层都要等泥土干透后才能继续加盖。一层土楼可以盖上一年之久。土楼盖好后，各家通过抽签的方式从相同的单元中分得一套，其产权构成了集体所有的一部分。这些住户往往姓氏相同——而且其产权部分只能传给其他家庭成员。由于财富会随时间发生变化，一座土楼里就可能住着经济状况各异的人。住户们还约定，个人不得拆除其房屋，从而保障了整座土楼的结构完整性。楼梯和楼内走道是住户共同维护的。虽然大多数土楼院子都用于做饭和集体活动，但有的院子里盖了平房，做特殊用途：学堂、宗祠或节庆和表演用的戏台。近年来，某些土楼的院子按照住户的居住单元进行径向切分，划分出的区域用来建卫生间或厨房。

　　土楼的空间设计是可以拓展的。最小的土楼只能住10户人家，最大的土楼则可容纳数百人。这种共居模式使土楼和住户们在20世纪经受住了硝烟战火和政治动荡。不同阶级和地位的人混住在一座土楼里，意味着住户们会团结一心；因为每户都分到了同样的单元，外人难以区分富足的家庭和贫穷的家庭。当地多山的地形使耕地变得尤为稀缺，而土楼密集的空间组织形式也为农业生产留出了土地。

近年来，劳动与原料密集型经济的转型使土楼难以适应现代生活、家庭结构和生活方式翻天覆地的变化。对于同等人数的住户，传统土楼的建筑费用如今是混凝土结构住宅的近5倍。连接楼内土墙的木梁都需要从别处采购后运来，而不是在附近的森林进行砍伐。至于人工成本，如果是住户们自行盖房，那么工程很快就会难以为继。以前，土楼里的住户之间多少有些联系，但经济移民和产权交易早已打破了这些宗族关系。由于许多住户一年在家可能都待不到几个星期（一直住在土楼里的只有老人和留给他们照看的幼儿），现在这种集体生活的方式变得多种多样。独立的电表和水表更说明，人们有了令生活更加舒适的新设施，而集体生活与日常维护之间的关系也发生了变化。

土楼结构的组成部分（防御性围墙、公共庭院和土墙与木构件之间的层次结构）如今都被重新解读，从而反映出新的重点。土楼各个部分都被重建或彻底拆除，新的施工方法使人们得以强化土楼土墙的结构完整性，这些墙壁原本都是不能被破坏的。住户向外扩建房屋，打破围墙并建设通道，从街道直通住宅。随着经济活动范围的扩大，这使部分家庭能够借此做些小生意，而这些经济活动已然成了乡村生活的一部分。有的时候，人们也向内建设土楼，令庭院具备了新特点。在空间允许的条件下，有些家庭选择在土楼外盖房，然后通过天桥或房间与原本的土楼相连。

土楼住户共同做出了这些选择，每座土楼都有自己的一套决策规则，有的土楼由居民轮流担任的楼长来管理，而有的土楼的居民则通过共同商议来做决策。日常小问题通过聊天软件在群里讨论，重大抉择则等节日期间，家庭成员回村后开会决定。这些决策（无论是向内建设，向外扩建，还是破坏围墙等）都有助于提高此类建筑持续适应环境的能力，这也反映出在变化的生活方式下人们继续维护土楼的愿望。

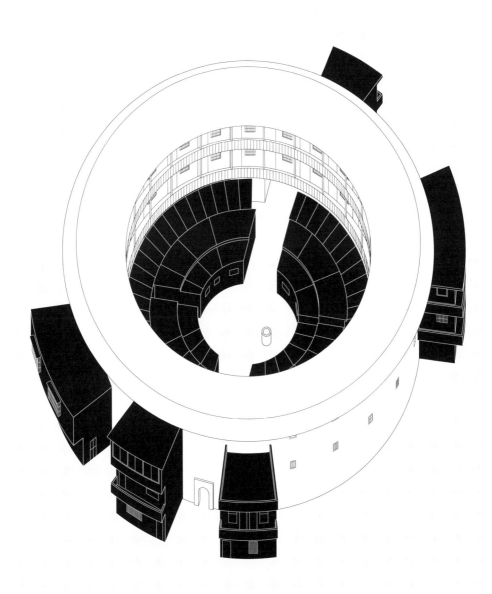

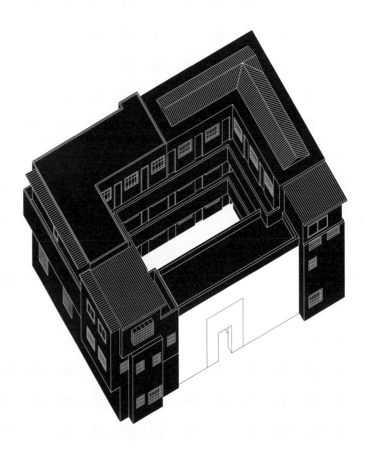

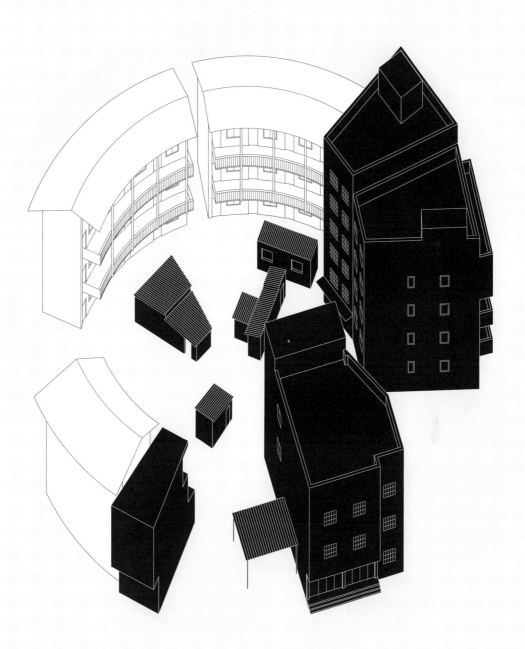

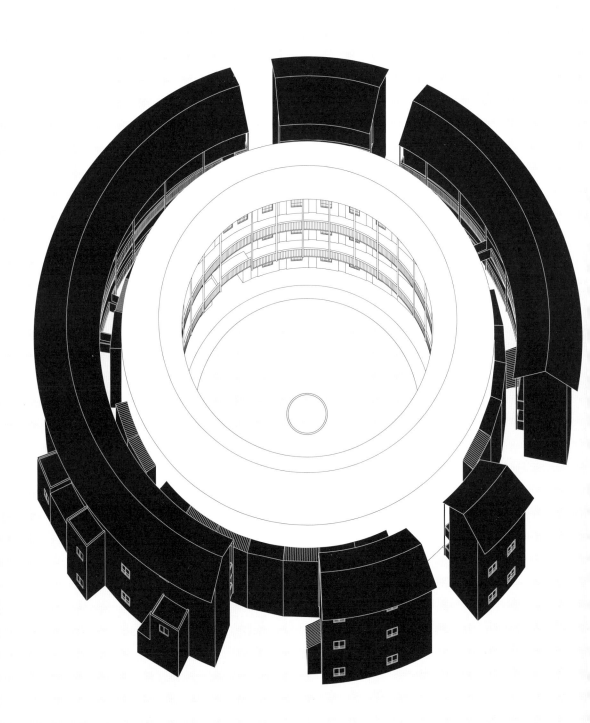

插入型住宅

　　几年间，住户在墙壁内外加盖了新房，重新定义了这座旧土楼。这里的住户既想住传统的集体住宅，也想住更大、更现代化的房子。几栋房子从外部插入土楼，使原本朝向内部的单元楼反向朝外。土墙上边新开的口子把旧房和插入土楼扩建的新房连接起来。住户既可以从公共庭院进屋，也可以从面向街道的各个入口进屋。不过插入型住宅内部一般没有楼梯，住户想进楼上房间，必须穿过土楼的土墙，从公共楼梯拾级而上，然后折返，穿过土墙才能进入楼上的房间。在庭院里自家单元前边，每户人家还占据同等大小的径向切割空间。他们将这块空间加盖成各自的卫生间与厨房。有些住户用聚碳酸酯遮阳篷把房屋入口与院内新房之间的空隙遮挡起来，下方用钢架支撑。这种半透明的顶篷使住户可以终年利用一楼房间前面的公共空间。室外炉灶、篮筐、脸盆和板凳整齐地摆放在这片区域。尽管院中加盖了新房，但仍有足够的空间，可供全部30户人家节庆聚会。

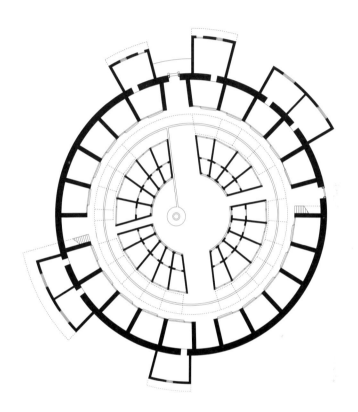

0   2m

内翻型住宅

  这座土楼的土墙后，隐藏着的是一座盖满新房的小村庄。3户人家各自盖了房，取代了原本土楼内的单元房。这些3至5层的混凝土结构建筑取代了木质墙板、走道、地板和楼梯。新房按照住户们议定的程度伸入庭院，议定的结果标志着家庭产权和共享公共空间的界线。尽管土楼内部发生了变化，但外墙基本保持不变。住户决定共同维护土楼的传统外观。内部的改造程度越大，住户就越愿意常回土楼，特别是在节庆期间。有些老住户选择住新房，而有些则愿意住在传统的土楼单元里。改建前，土楼内缘的阳台形成了一个贯通的走道，俯瞰着正方形庭院。住户在任何角落几乎都能快速看遍每家每户。而当土楼内部有了突起的新式混凝土建筑，形成了私密空间和隐秘角落，住户间的碰头交谈以及开展的其他活动就更有隐私性了。

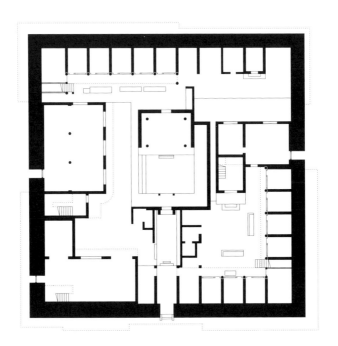

重建型住宅

兄弟几人挨个重建了继承到的土楼单元房间,重新创造出一座集体住宅。这座土楼相对较小,有个狭窄的长方形院子。兄弟几人分别把原本土楼的房间都盖成了二层建筑,各自使用了不同的建筑覆层或以不同颜色粉刷。但是,重建的房屋保留了土楼原有的通道和面积。我们从外部很难看出这是座土楼,只有老土楼入口处的泥墙得以保留。这片残墙后面留下的泥土房全部敞开,用作储藏室。当需要更多空间时,兄弟几人决定在房间上加盖一层。他们推平了土楼余下的墙体,作为盖新房间的平台。为了统一土楼的正立面,楼板边沿铺了一道厚厚的橙色条带。加盖的楼层压缩了庭院面积。建筑的每个角落都各具特色,通过特别选取的瓷砖、装饰物和油漆体现出来。在重建过程中,各家的不同选择清晰地呈现了土楼的纵向产权体系。虽然整座土楼几乎全部重建,但它始终秉持着这一核心思想。

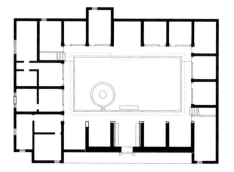

切块型住宅

　　原来土楼的一大半都被拆除了。在房屋被夷平的地方，住户建起了独立的塔楼，其占地面积受到原本分配的切块区域限制。新房高矮不一，有的家庭加盖了楼层，因而新家俯瞰着土楼残存区域的房顶。其他住户则遗弃了土楼内的居住单元，让亲戚拆除空置房间，利用该地兴建花园。和新房一样，花园大小也依照户主在原土楼中分得的面积来定。这些花园与周围农田融为一体。虽然土楼的结构完整性曾取决于土墙的连贯性，但新的建筑方式使土楼原本的单元房间得以独立存在。土楼保留的房间中，有一间从上到下都用了新砖柱。如今，人们可以透过新房的框景看到周边地区，可以向周围村庄敞开并呈现庭院内的世界。虽然土楼产权是垂直径向分配的，但分区拆除和重建的过程表明了开发土楼的可能性。

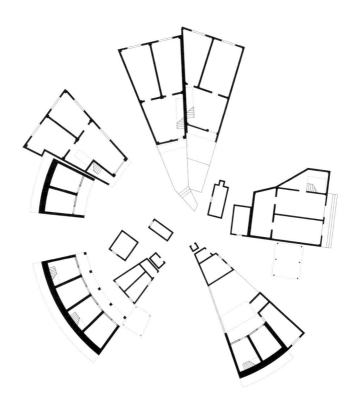

0   2m

双重住宅

　　由于部分农田因高速路架设而被切断，这座土楼的住户得到了当地政府的赔偿款。有了这笔赔偿款，他们决定拓展居住空间。不过住户们既不想向内建房也不想拆除土楼围墙，而是围绕原土楼又盖了一圈房子，把每家的单元房都向外扩展。和原土楼一样，一圈新房也用夯土和木头建造——老土楼外的一个近乎完美的翻版。新旧土楼间是一条小巷和十字交叉的桥梁，把内外建筑的上层单元连接起来。各家的主要生活区一般都位于老土楼的一层，经过一扇门可通向小巷，另一道门有时通向新土楼的一个储藏室，住户在里面存放农具或者停放车辆。土楼楼上的房间通常是卧室，最顶层用来存放收获的土豆、谷物和植物根茎。住户会直接在老土楼外墙上加盖可以从小巷进入的厨房和卫生间。因为这些新盖的房屋连着小巷，人们还要确保新老土楼间的区域能过人。虽然中央庭院提供了工作与聚会的场所，但人们更常在小巷中碰面。这种双重住宅是大家集体构想的大规模扩建策略。

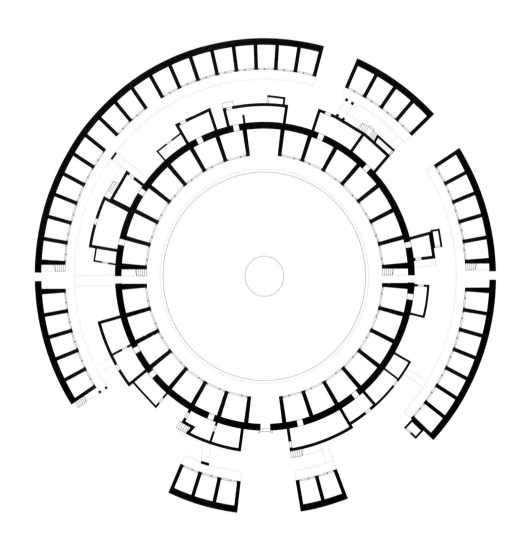

0   2m

采 访

抓药人，福建省厦门市，附近农村，2018年6月

这里的大多数人都姓蒋。我在福州长大，而我的老伴在本地长大。我老伴还小的时候，公婆就搬到了这里，买了这块地。当时很多人喜欢买地。我老伴就在这座土楼里长大。后来我也搬了进来。

这块地原来有座土楼，在"文化大革命"前烧成了一堆废墟。40年前，我们买到了土楼尚未焚毁的一小部分加以翻新。婚后第一个儿子出生，我们就重建了土楼。在此之前，我们住在土改期间分给我们的屋里，但在很久以前，那屋子就塌了。我的孩子和孙子全都在这里长大。孙子们的父母得工作，没法照顾他们，所以跟我们住一起，方便到附近的小学和中学上学。但后来，他们成绩很差。现在，他们都去市里上学了，那儿的学校更好。大孙子19岁，小一点的12岁，最小的7岁。不过他们也不用我照顾，他们能照顾自己。我的孙女五年级，在厦门念书。她打电话告诉我，数学考了满分，语文考了93分。

我有一个女儿，两个儿子。一个儿子在厦门，另一个在广州，女儿在深圳。我不知道他们干什么工作。即使他们告诉我

在干什么，我也听不懂。我不喜欢去那么远的地方，所以从没看望过他们。他们也很少回老家，一年到头，只有过年的时候会回来待四五天。

我喜欢住这儿，空气好。现在，土楼里还住着3户人家。我们翻新几年后，另外2户人家也开始翻修房间，我们早了几年。我们必须连着其他地方一起盖屋顶，不然屋顶就会塌了，必须把它们连在一起。各家负责各自的设计与建造，但我们得商量怎么把屋顶连接起来。我先盖屋顶，其他2户的屋顶靠我这边支撑。土楼分3层，每家都有自己的楼梯，一共3道。我们不像老土楼那样共用楼梯。

所有房间都很杂乱。我把包括柴火和杂物的所有东西都堆在房间里，所以不像城市的房间那么整洁宽敞。刚搬过来的时候，只有土楼外面能用电，现在楼里也能用上电了，厨房如今也建在土楼里。厨房分为2间，在拐角处围住了楼梯。原先没有玻璃门，我们加装了一道，因为化粪池排出的废水和汽车尾气太难闻了。如今，土楼里没多少住户了。大多数是年老的妇人，还有我和老伴。我和老伴都退休了，

我67岁，我老伴70多了。白天我做做饭，有时在地里种种菜，干干家务。我们退休后有养老金，不太多，大概每人4000。我老伴是名医生，现在还给人看病。退休前，他在县医院上班。那还是10多年前，他62岁。现在，他在家看诊。有时候，我老伴给人看病，我就抓药给他们。

我以前是个农民，一直干农活。但是现在，我们已经没那么多地可种了。这儿是大山里，本来地就不多，我们原来有些好地，都拿去修路了，政府后来也给了补偿款。对于发展，我们没有发言权。政府想建高速公路、盖中学，但学校到现在都没用上。这里已经没人上学了。原来这里有2000多个学生，但现在大概只有200个。其他学生都去市里上学了。

最近很少有人来这儿了。去年人还多些。去年我挣了几千块，但今年一分钱都没挣到。我会卖香烟，也卖茶叶、龙眼这些东西，买进再卖出，因为我们这儿种不了这些了。游客都是组团来这儿，有时一年有20000名游客。今年（我也不知道为什么）没什么游客。也许很多人已经来看过了，这儿没什么其他好看的了，没什么特色。这边蚊子、苍蝇和其他虫子很多，但我们住的地方很干净。

我养了2只鸡，等小孙女回来的时候，就打算杀了。我的鸡认主，会待在我的地盘上。我还有个小菜园。桥边上有个小商店，有些年头了，卖卖烟酒，以及像盐、糖、酱油之类的杂货，我可以在那里买到需要的东西。商店靠近7到10年前在农田上建起来的新村。那里原本都是土楼，但现在没人住了，人去楼空，太可惜了。

下午的时候，我就躺在这里。晚上大概10点睡。我早上起得早，大概5点。睡不着了我就起床。

李女士，福建省厦门市，附近农村，2018年6月

土楼被列入世界遗产名录时，联合国教科文组织的一位官员来考察。他对我们说："土楼是个句号，却引出无数的问号和感叹号。"他还说，土楼像一本永远读不完的百科全书，它们蕴含的知识博大精深，包括风水、建筑、美学、环境科学、人类学、类型学和景观设计。按照大师所言，土楼肯定符合周遭地区的风水。这不是由我们决定的，因为传统风水相当深奥，无法轻易理解。土楼有方形的，也有圆形的。正方形或长方形土楼代表"地"，而圆形的代表"天"。建一座土楼要花很长时间。一座4层高的土楼从设计到建成的时间长达16年。

旧社会时，很多地主都家财万贯，其中有些还是省长。他们常常邀请官员或社会名流来参观土楼。土楼的庭院里可能会建一座独栋建筑，作为旅馆，例如，一楼作戏台和餐厅，客房则都在二楼。

一些令人印象最深的土楼等分成8个区域，是根据八卦阵设计的——也源于风水。洪坑村闻名遐迩的"土楼王子"就是按照这种方式建造的，现在颇受游客欢迎。"土楼王子"分为8个单元、8条楼梯，各有1道门。如果想把各单元隔开或连通，只要开关门即可。从1楼到4楼，各单元均有砖墙隔断，充当防火墙。因为土楼主要是由泥土和木材建造的，所以这些防火墙至关重要。看吧，土楼的建造是相当科学的。在土楼内部，1楼用来做饭，2至4楼全是卧室。这种布局着实令人印象深刻。

这附近的土楼已有七八十个年头了。最古老的一座（一座长方形土楼）已有上百年的历史，里面已经没人住了，只剩鸡、鸭、跳蚤和蜘蛛网。那些土楼很脏，我都不敢进，主人已经遗弃那里了。而土楼空置的时间越长，坍塌的风险也就越高。如果有人住在土楼里，他们会定期修缮。否则，一旦发生天顶漏水这类问题，用不了几年，土楼很容易就破损了。各村都是这样。我们这里的地太多了，但没人要。或许这也值一大笔钱，因为政府不再批建筑用地了。

我大女儿学IT，就是信息技术专业。她决定专业的时候，我跟她说这是男孩子的专业，问她："你为什么想学这个？"她在高中学了数学和科学类课程共6门。我问她对什么专业感兴趣，她告诉我可以到大二再做决定。

无论我说什么，她都会说："妈，你不懂。"我确实不懂！我只能在经济上支持她。我告诉她必须努力学习。我儿子在厦门学同样的专业。我女儿的户籍随父亲，但儿子的户籍在这里。不过我一点都不担心。女儿在大学谈恋爱结婚后，她的户籍总会变的。

我们都是同一个家族的后人。这座土楼的人都姓李。从前，全村人都一个姓。那是以前，现在不一样了，不一样的姓太多，得向上追溯。房屋过于商品化，经常被买卖。因此，住户变动太频繁，就像香港一样。有些新楼里，姓什么的人都有。

以前，土楼里所有房间都很拥挤，住满了人家。但现在，一共只有3户住在这儿。尽管房子产权还在，但其他人都搬走了。大多数人搬进了更新的房子。有些人在市里买了房，其他人则搬进周围的楼房了。进城的人留下老人和孩子，孩子们要上学，老人负责照顾他们。再后来，就只剩下老人了，这就是村子的现状。

IV. 季节性住宅

引 言

　　一些藏族家庭世代居住在云南省西北部，在海拔3000米左右的高处耕种土地。在香格里拉市，也就是人们所知的"世外桃源"周围，许多农民搬进了正在发展的城郊地区，从而更加靠近城市。这些农民建造的房屋复刻了传统乡村建筑并加以改造，以适应现代生活。这些改造尤其受到房屋所采用的玻璃与钢铁结构影响，将室外庭院变成了终年被阳光温暖的空间。同样地，玻璃与钢铁的普遍使用也改变了当地建造者设计农舍的方式。

　　传统农舍利用夯土和木材排布空间，将封闭庭院的外部空间与房屋连接起来。每个农庄在院子一侧都有一道外围墙，同时构成了房屋本身的外墙。嵌入式门廊成为房屋一楼和庭院间的过渡带。动物可以在这片区域自由走动，从而在严冬时御寒。住户住在楼上，内部空间由大木柱构成的网格来划分，木柱以石基为底座。屋内房间没有窗户，但装有雕刻精美的木隔板。为了在漫长的冬日里取暖，一家人会聚在这种内向空间里，围坐在火炉旁。土墙上的镶板进一步划分了空间。农舍顶层一般用来储藏收获的粮食，上方遮蔽着略微倾斜的屋顶，屋顶由木桁架支撑。桁架置于巨大的土墙上，因而屋顶本身看起来似乎悬于空中。

随着藏族人迁往靠近城市边缘的地区，政府采取了多种措施，鼓励他们种植新作物，于是曾经赖以谋生的自给自足农业便逐渐失去了吸引力。农民开始种植各种高价蘑菇或其他能够快速上市的季节性经济作物。他们还开始在主屋外的其他建筑内豢养牲畜，这使得农民加速放弃畜牧业，而畜牧业原本是农庄中不可或缺的一部分。随着生活方式上的诸多变化，居民开始改造住宅的空间组织形式。

新建的可靠的公路向东北通往成都，向南通往昆明，便于承建商前往当地，也便于当地获得劳动力和工业材料，有了这些条件，人们就可以采用比传统建筑方式更便宜快捷的方法。其中最具影响力的想法是利用玻璃和钢铁应对当地的气候。由于当地海拔高、光照强，泥土散热更快，因此冬夏两季天气晴朗，日照充足，温度形成了两个极端。

　　早期建造试验中，人们利用廉价的玻璃和钢铁结构把一楼嵌入式门廊封起来，以应对上述问题。新建的玻璃屏障成为热缓冲区，冬季，阳光就可以温暖这一封闭空间。锁住的热量可以辐射屋内其他房间。严寒冬月，温度降至零度以下，但阳光可以温暖房间。夏季，可开合的玻璃窗和百叶窗用于调节温度。这些利用玻璃和钢铁开展的初期尝试使人们对盖房越发雄心勃勃。住户将越来越多的庭院空间封闭起来，直至整个庭院都笼罩在玻璃钢铁棚中，营造出一个人工调整后的环境，为空间使用提供了新的可能。原本用于豢养牲畜、储存农具的空间，被住户精心改建成花园，里面有喷泉、花草树木和带遮阳棚的休息区，且常常能看到支撑玻璃屋顶的桁架上垂下一盏盏吊灯。有的住户则利用调整后的空间存放柴火、晾晒衣物、培植花草或只是将起居空间拓展到这个终年宜人的新环境中。

　　建造时所需的材料很容易从附近城市订购，香格里拉市的建筑承包商也快速提升了建造能力。不久，上面的那种改造想法便家喻户晓，每家每户都会根据需求、成本和个人喜好稍做变动。一些住户用合成板取代玻璃，它更易密封，结构效率高而且与薄膜相结合可以阻挡紫外线，甚至完全遮光。如今，支撑透明玻璃窗的结构框架通常采用工业制造构件，大小视其效能而定。有些构件在工厂组装，但安装时常常需要现场测量和焊接，因为传统住宅是不规则的。这些新盖的建筑颇受欢迎，以至于无论在市中心还是市郊，山坡上都密布着玻璃房子。

与传统藏族住宅的建设成本相比，建造玻璃房屋所需的投入更少。如今，当地已经很难采购到砌墙的泥土和房柱木料。想要盖传统藏族住宅的家庭会前往缅甸或云南南部寻找一根根原木。由于存在上述困难，部分家庭将普通建筑材料与传统农舍的建造方法相结合，创造出混建风格的房屋——混凝土架构，内部用砖块搭建，前方有庭院，用玻璃外墙围住，从而将现代家庭生活理念引入传统农舍。在这些混建的新房中，玻璃外墙并不是后来加上去的，而是房屋设计时就有的。这种一体化方式意味着房屋内部空间依然会受玻璃外墙的影响。虽然房屋内部的传统房间仍会使用深色镶板以适应内部家庭生活，但其他空间则会利用阳光，使屋内的人能欣赏到屋外的景致。

对藏族家庭而言，盖房是投资的首选。一旦赚了钱或有意外收入，人们会立刻拿来盖房。人们希望儿子能离开父母家，盖间属于自己的房子，即便新房相距不远。房屋建造可长达数年之久，因为天气好的时间就那么几个月，这时候，人们把一年的收入都用于盖房。而且，即便新房落成，住户也会把钱投入到房屋的修缮、改造与重建上。有了钱，另盖一座新房的事也屡见不鲜。或许，这种独特的动态催生了该地区的建造试验。玻璃钢铁建筑的快速盛行就是这一动态最显见的例子。它们象征着当地人的生计与家庭生活发生了变化，也改变了当地景观，提供了一种新的生活方式以及与现存传统空间对话的原型。

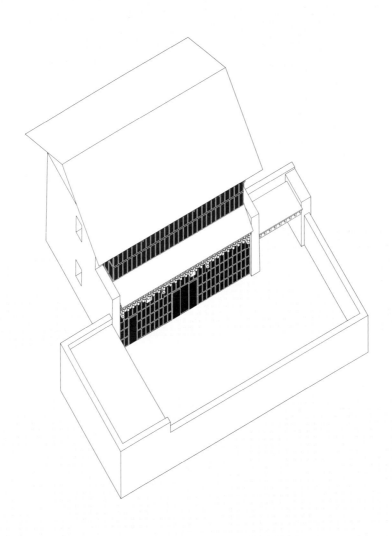

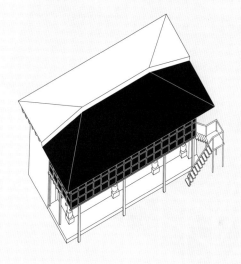

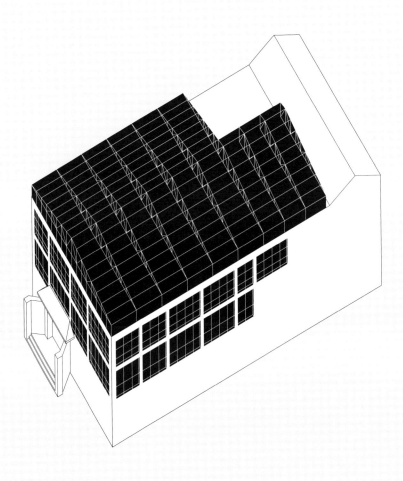

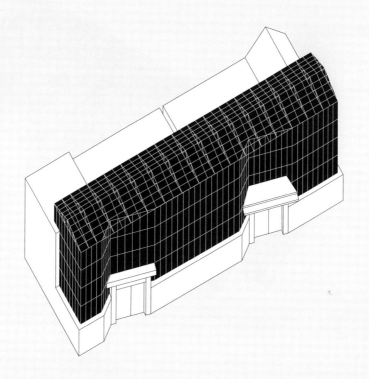

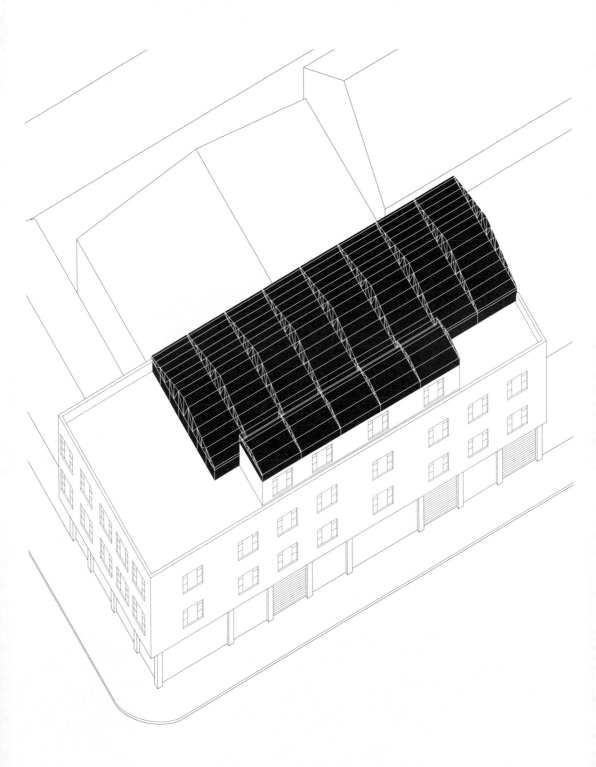

平直正立面住宅

　　10年前，这栋房屋在村中率先采用了玻璃正立面。房屋厚厚的外墙由夯土建成。屋内，树干般粗壮的房柱和温暖且雕刻精美的木质覆层营造出室内家居空间，与荒凉的外景形成鲜明对比。房屋坐北朝南，整条门廊朝着围墙围住的院子敞开，四周都是田地。这户人家决定利用房屋朝向和冬季数月间照射门廊的强烈阳光，于是用一整块平面玻璃封住了门廊。精心制作、树干般粗壮的房柱从门廊至屋内串成一排，如今都用玻璃窗格封闭起来。然后，他们以近乎同样的方式封住了楼上阳台，从而使整个南侧的正立面在白天都可以反射阳光。冬季，新封闭的空间储存着热量并辐射到屋内其他房间。起初，一楼正立面只开了两扇门。夏季，为了让暖空气更好地流通，一些固定的玻璃窗格被换成了可以开合的窗户。屋主通过在房屋正立面添加这些细微的改动，在当地创造出了一种环境原型。

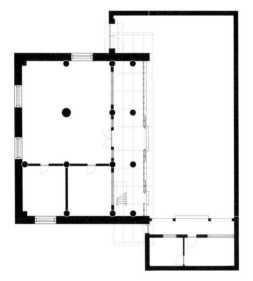

对半风格住宅

　　为了靠近高速路，这户人家将传统住宅从附近的山坡迁往城郊新址。虽然无法移动老房的土墙，但他们保留了4根巨大的房柱、雕刻精美的木隔板以及内部覆层。在更小的新址，住户建了一道C字形2层高土墙，围成房屋的一半空间。在墙内空间里，他们用木隔板分割出传统房间。楼上，3面土墙的另一侧被玻璃和钢铁围裹起来，下方用4根纤长的底层架空柱支撑。从街道进屋，需要通过入口走廊，它的一侧是纤长的钢铁支柱，另一侧是与雕刻木隔板墙相连的木柱。隔板后方是一个矮小的空间，在禁止在室内豢养牲畜前，这里是住户用来养羊的地方，现在则当作厨房了。走道尽头是钢铁制成的剪刀式楼梯，通向楼上新盖的玻璃钢铁房。洒满阳光的玻璃房嵌套着一间房，由从山坡上老房里取来的雕刻木隔板墙和木柱建成。宽敞的空间将这个室内房与玻璃正立面分隔开来。自重盖老房起，住户就在隔壁又起了一栋新房，更大，设计也更传统。但这户人家还是会回到老房，在楼下做饭，在楼上消磨时光。玻璃封闭的空间比新房里的任何屋子都暖和。

嵌套住宅

城郊，3层楼高的外墙包裹着景致秀丽的前院和新盖的楼房。高墙被玻璃窗格的幕墙打断，令人能从庭院望向外面。外墙顶部是一个略微倾斜的屋顶，由一系列钢桁架支撑着半透明的玻璃搭建，再用聚酯胶板加固。墙面前方嵌着一道石刻正门，冠以传统的上翘屋顶，两翼有伸出的墙壁，正下方是入口台阶，往上是对开的正门。进门后，可以看到住户用木花架装点着铺满石质地砖的庭院，周围种着果树，一根桁架上悬挂着吊灯。此处又出现了一道房屋正立面——房中还有一座房。内部的这座房贴满了砖块大小的瓷砖，第二道正立面令人想起世界各地的郊区。内部房屋回撤而留出的空间可以营造各种露台。最大的露台位于顶层，就在屋顶下方，配备了沙发、遮阳棚、一张麻将桌和可伸缩的遮阳帘。房间里排满了深色的雕刻木板，颇具藏族传统家庭生活特色。

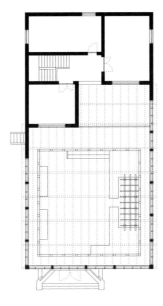

一顶双宅

在如今房屋密集的市郊街区，兄弟二人建了相邻的两栋屋子。尽管竣工时间不同，但它们几乎一模一样。两栋屋子前横着一个小院，中间以界墙隔开，围墙又将小院与狭窄的街道隔开。两栋屋子各有大门进入兄弟二人的连体住宅。随着附近地区的发展，周围的高层建筑超过了他们的连体住宅，于是他们决定用玻璃幕墙将庭院封闭。他们没有采用不同的结构体系建两个玻璃棚，而是请人盖了一个屋顶。临街的一侧，玻璃棚的钢铁结构沿围墙内层展开，并插入狭窄的苗圃中。与房屋交会处，玻璃棚沿房屋轮廓密封。支撑用的横木一端固定在房屋上，一端固定在玻璃棚的钢结构上，以抵抗冬季强风。两家重建了共用的界墙，在庭院间加了一道玻璃幕墙，最高处连接着桁架下部组件，桁架则支撑着斜屋顶。桁架间的缝隙使空气在公共屋顶下流通，两个院子也彼此相闻。加盖了公共屋顶后，两栋屋子在市内营造出了别样的生活空间。

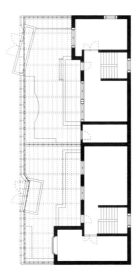

隐匿式住宅

这户人家搬到城市时，在城市街区的角落买了块地皮。他们在此盖了一栋多层 L 形楼房，开辟了一处后院，覆盖着玻璃钢铁棚。一楼朝外的房间出租，用作商店和办公室。楼上小公寓也朝向街道，租给单身职工。住户的房屋向内朝着庭院，从繁华的街道经一道不起眼的门进入。门后是一条简朴的走廊，通往光线充足的后院。绿色植物、吊灯和一个室内喷泉装点着宽敞的空间。上方，白色遮阳棚为卧室外的阶梯状阳台遮光并保护隐私。在一楼，屋主一家有时会聚在排布雕刻木板的房间里看电视，到了冬季，他们会围在房屋中央的炉子旁取暖。三楼有一个阳光房，房顶是透明玻璃窗构成的斜屋顶，地上是建筑玻璃铺成的地板。透过低矮、狭窄的天窗，可以看到城市周围的山峦。城市化力量正通过各种方式改变着传统居住空间，这栋楼房就是范例。临街的商业活动为这户人家带来了收入，也使他们能生活在这片新的私人梦幻世界里。

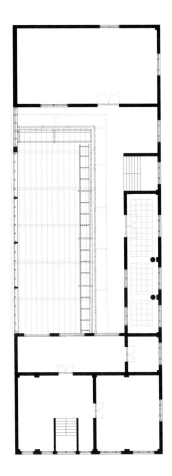

0　　2m

采 访

蘑菇养殖者，云南省香格里拉市，靠近松赞林寺，2018年1月

以前，我们有个敞开的院子，但邻居盖房后，就没有阳光直射了。所以，我们把前院封上了。过完新年，我们会翻新后面。现在太冷了，施工队冬天不干活。我正在翻修母亲的房子。她说万一自己过世，我们需要个灵堂。当然，我可不想听到这些话，也不想听从她的建议。不过，无论如何，我都得建个灵堂，以防万一。

以前，如果手头富裕，大家会在外头摆宴。例如，人们会在饭店办婚宴。但如今，大家觉得饭店没什么好菜，于是就在村里或家里办。但这需要花大量精力。我们得互相帮衬，连着三四天办酒席、做准备，做杂七杂八的事，还得在冰冷刺骨的水里清洗餐具。

房子是我二哥的，他是屋主，也是这边医院的副院长。我们一家四口人住这儿。我在这儿住着，有些尴尬，但我不想谈恋爱。我觉得男人有点爱发号施令、自以为是。如果不上学，当地的女孩十七八岁就结婚了。以前可不像现在，结婚都早。但现在不一样了，人们单身的时间变长了。如果专心工作，结婚就晚。我觉得，传统藏族妇女很难理解这一点。所以，没错，我和二哥陪母亲一起住这儿。自从她的儿子，也就是我大哥过世，我们就一直照顾她。我大哥的儿子，也就是我侄子也住这儿，所以我们一共四个人。

把房子上边封住是我二哥的主意。我们觉得漏风太严重了。几年前，我跟他说院子里太冷了，他就连院子一起封上了。所以，现在只剩房子后面要封了。起初，我担心玻璃会掉下来，而且觉得夏天会很热。但哥哥告诉我，有种新材料隔热，而且不会掉。那不是真正的玻璃，而是玻璃钢（玻璃纤维增强塑料），是用玻璃和塑料制成的复合材料。

实际上，在我还小的时候，人们就开始盖玻璃房了。他们请建筑工人过来，有时得跑很远，现在就方便多了。我们进城雇人，他们来测量施工面积，然后我们付工钱。我告诉承建商，要把后面都封上，他说我们得付100平方米的施工款。我叫哥哥来看看他们是怎么算这面积的。然后，他们来把房子又量了一遍，跟我说地板面积是70平方米，玻璃幕墙的面积是30平方米。每平方米价格是100元，所以100平方米就是1万元。这可太贵了。

以前，我们都自己建主框架，然后请承建商来安玻璃窗。

我们一辈子的目标是盖一栋宫殿般的房子。或者说，至少我们想盖栋住着舒服的房子，这样才能在好房子里死去。这是我们的人生观。有钱人每12年就重建一次房子，挺浪费钱的，但他们不在乎，他们只想盖最时兴的房子。

有年头的传统藏族民居则截然不同，分两层，一楼是豢养牲口的，类似某种牛棚。我们常常采集草叶铺在那儿，让牲口睡觉。天冷的时候，我们还会再铺一层。平时，我们会用它们的粪便给地里施肥。我觉得养牛是某种形式的杀生，卖了牛以后，我晚上都睡不着觉，担心人们屠宰的方式太残忍。所以我干脆就不养了。

我们没有厨房，什么事都在楼上做，烧水做饭，拌饲料喂牛。小时候没有冰箱。我们在同一间屋子里切菜，把水存在水缸里。如果水龙头没水，我们就用存的水。主层楼上的空间作为储藏室，存放青稞和油菜。油菜可以榨油。但今年我们没有种青稞，因为种地的人手不够。我哥哥没有时间，而母亲和我都不会开拖拉机。

哥哥让我学开车，但要学会，我还得学怎么写字和回答问题。这些问题有助于我学开车。哥哥说，学会后就可以开着他的车去成都买过冬的衣服。不过我没学，因为我觉得这没什么意义。我可以坐公交，而且如今邻居也买车了，我可以跟她一起去。

母亲在村里的时候就结婚了，没上过学，但我的兄弟们学了很多东西。大哥学了门手艺，二哥上学了。我还小的时候，家里就买了第一台电视。当时我觉得那是世界上最棒的东西，会一直看到半夜。我们沉迷于电视节目，都不学习了。我以前常对哥哥说，如果好好学习，他就可以上大学，当医生或老师。但家里买电视的时候，我又会叫他和我们一起看。现在哥哥他连打电话的时间都没有，工作非常努力。

我最大的遗憾就是没有好好学习。二年级的时候，我数学不行，但语文非常好，3个小时就能完成背诵作业。我的老师就住在学校旁边。学校在松赞林寺边上，离这儿不远。

我们还小的时候，家里很穷。当时父母没有种菜拿去卖，就种点粮食自给自足。他们没时间挣钱。我们盖房子的时候还要自己切割木料。冬天，我去山里采蘑菇曾滑倒过，摔骨折2次。2013年，我摔断了腿，在家待了7个月，附近只有一位老中医。哥哥不想带我看中医。我问医生治好需要多长时间，他说得5个月。可是7个月后，我依然几乎没法走路，当时真想死。但一想到请人帮忙，就觉得会欠人情。在村里，每个人都得干农活挣钱。如果连路都走不了，就没法挣钱。我可不想拄拐杖。后来，哥哥带我去了医院，CT扫描后，我看到了骨头里的裂缝。大家说这种骨裂半个月就能痊愈，但我的腿治了7个月。

现在已经没那么多人种地了，因为挣不到钱。可我们担心政府会要我们回去种地，因为我们是村民。政府工作人员召集我们开会，谈到要提高我们的生活品质，让我们种地并从事旅游业。他们认为女人们买了太多黄金，告诉我们应该把钱花在孩子身上。参加政府召开的会议后，我们才知道彼此的全名。因为藏族人都以姐妹兄弟相称，很少有人知道我的真名。我们从小时候开始就这么称呼彼此了。

无论如何，不论你多努力，如果孩子不努力，一切都是白搭。侄子侄女理解我，他们说我不必为他们省钱，他们会自己挣。我一直告诫他们，如果想过得像我一样，就看看我活成了什么样。如果他们想过二哥那样的日子，他们就得朝他看齐。

我侄女在昆明上大学，前几天刚给我打电话说想继续念研究生。她说室友有钱又自私，但她没办法换宿舍，和她住一起就像住在地狱。我说："你又不跟她结婚，没关系。"

侄女还没上学前，都是我在教她。上学后，她的成绩名列前茅，因为我已经教了她很多知识了。她会说普通话和英语，不太愿意说藏语。她假期要留在昆明。我告诉她别熬太晚。我从来都不熬夜。

建房者，云南省香格里拉市，附近地区，2018年1月

我们村有很多玻璃房。冬季多风，人们（游客）不常来。我们的房子和过去可大不一样了。从前，楼上存放喂牛的草料，我们住在中间一层，一楼是牛棚。如今，房子住着更舒适了，一切都变了。东西都存放在室外，屋子只用来住人。我把楼上改成了起居室，在屋子周围种了大片的格桑花。夏天，来客人的时候，我就邀请他们上楼，看看美不胜收的草场和遍地的格桑花。楼上还能看见机场。有时，我们也在楼上宴客。我们正在安装带烟囱的炉子，安装好后，我们还可以在那里做饭。不过现在，我们不能睡楼上了。一到晚上，夜风呼呼的，房间门从外面都关不紧。

我盖这栋房子盖了9年。附近买不到木料，所以只能从其他地方一点一点地买回来。越往后，找木料越是个大问题。我们不能在当地伐木，所以必须从别的地方买。我从缅甸买了盖房用的木料，但实在是太贵了。我们甚至还得花钱买些根本用不到的构件。以前，大家会建夯土墙，但现在连这也变贵了。和木料一样，当地也

找不到合适的泥土了，因为政府不
让挖土，而水泥墙又便宜又好建。

　　我家不太富裕。通常，盖房
只能靠我自己。但这里的传统就是
这样。看人家盖漂亮房子，我们也
会盖。即便死后，子女也会继续盖
房。这就是我们的传统，没别的办
法。就算是有钱人，也会这么做，
他们会花数百万来盖房，可我觉得
这没什么意义。我爷爷和父母都盖
了房子，传给了我，但我不能住，
我还得盖我的房子。我会把房子传
给儿子，但他也得盖他的房子。

故事，如是，如述

索尼·德瓦巴克图尼

　　在考虑如何记录本书中房屋的背景资料时，我们常常会去寻找它们的故事或聆听屋主的讲述。故事就意味着井然有序的讲述，可以立刻构建并反映某种逻辑。故事可以是顺叙或倒叙的，且至少是两条时间线并置：一条是故事中呈现的时间线，一条是讲故事时的时间线。这种时间线的并置有助于讲故事的人逻辑表达并增加可读性。在建筑学中，"叙事性"也用于描述通过材料、文化和社会的意义组合构建场地、项目或设计意蕴的过程。和那些讲故事的人一样，建筑叙事者的可信度也常常是令人怀疑的。

　　在《如是之屋》中，我们在描述精选房屋的基础上，加入了住户的声音，他们的生活与房屋交织在一起，由此构建了一个个故事。我们通过实地考察、照片和图纸了解了房屋的故事，通过讨论与采访了解了人的故事。二者相结合，就能理解房屋的建筑设计及其变化。例如，家庭结构变化如何促使人们加盖新房，或人手充足时方可做出的某些盖房决定。房屋的改建记录均可视为住户过往的再现，其生活变化都映射在建筑身上。在世界上，终生居一屋的现象实属罕见，但本书中记录的许多房屋都是由整整一代人或一个家庭长期建造与维护的。它们是家宅，由住户自己建成。

　　这些材料与人文的历史构成了文本，与文化、社会和经济背景相互作用。有些采访中的奇闻轶事为农村转型的社会学实证研究结果提供了支持。其他时候，这些研究结果也解释了我们在房屋建造过程中所观察到的材料变化。虽然有很多中国农村转型的宏观叙事，但对我们而言，重述民间建筑的故事至关重要。通过观察各类传统民间建筑的自建改造，我们将其背后的故事娓娓道来。这些建筑因时而变、顺势而为的特质挑战了某些人对于民间建筑古板或过时的看法。当代中国的加速转型使这一特质显现出来，让人们得以清楚地分辨那些持续数百年却一直隐藏着的变化。

　　以前，民间建筑研究大多会对保存完好的建筑进行案例分析，但我们却转而研究那些外形遭到破坏和混建的建筑，它们偏离了历来的建筑样式，提出了材料、空间和项目的新型组合关系。为了实现这一点，我们系统性地回避了知名旅游景点，或者从另一方面而言，我们也避开了偏远而难以进入的地区。相反，我们沿着当地那些建成不久、人来人往的道路寻访靠近城镇的地点。在这些比较热闹的社区，建造者会更加自由地提出新想法，而且也容易找到材料和人手，加速了变化过程。这些新建筑（当地自建者为满足特定需求而建造）迅速在乡村盛行起来，其价值却未能引起关注，而我们试图了解的恰恰是这类房屋。

通过不断寻找并从平凡事物中学习的方式，本书开启了一场与"建筑民族志"的对话，这是20世纪90年代末由犬吠工作室的贝岛桃代和冢本由晴提出的概念。建筑民族志建立在日本的一种研究传统上，该传统强调，对建筑的观察与文件记载应作为庞大的人文与生态关系网的一部分。2001年，贝岛和冢本在《东京制造》寻找坏建筑和宠物建筑的章节中阐述了这种方法。他们认为这些空间类型是东京城市风格所固有的，但由于其与众不同，具有独特性，所以没有记录在规范性城市读物中。野外考察（理解为长期融入一个地方和社区）是一个重要工具。多年来，游走东京的经历成为他们著书的主要动力，游历使他们可以不断讨论城市景观，寻找城市为人忽视的层面。东京的早期研究引发了近年来人们对农村、郊区景观和海滨城镇生态与人类活动的调查。

民族志通常研究这些过程。不同于其他民族志，建筑民族志坚持密集地使用图纸作为文件记录形式。建筑民族志中的图纸既可以作为过程也可以作为过程的产物来使用，好比描述动作的动词及其主格宾语一样。图纸也可以像文件一样，通过建筑表现确立的规范或创新的符号发挥作用。它们可以衡量材料、结构和空间关系，或使人看到时间、发展或变化的特质。反之，这些过程通过各种方法表明社会与经济的力量，往往胜过单纯的语言描述。虽然农村住宅民间改造的民族志研究完全可以抛开图纸进行，但图纸部署了一种询问模式并构建了一种独特的建筑学知识表达。图纸作为民族志观察的产物，是社交活动的科学对象。

我们想通过《如是之屋》的轴测图，从一定程度上直观地表现房屋，包括使人直接、迅速地理解其特质。轴测图是建筑图纸的一种形式，这种直观性与其是否便于观察有关。轴测图将房屋拆分成分离的研究对象，使人看到对空间、结构或材料事实的具体解读，由此，每栋房屋就都成为一个清晰可辨的字符。尔后，各个字符与研究中描述情境条件的其他层面关联，从而清楚地表达了自我。混建建筑在中国乡村极为盛行（乡村在加速变化），在这一背景下，轴测图的可读性与直观性承载着书中所讲述的故事。

平面图描述了更广的时空。在某种程度上，它们呈现了影响每座房屋的理想类型起源。这种起源既可以抑制变化，也可以催生变化。人们可以通过转变的过程或衰退、消失成潜在条件的过程更清楚地看到变化。平面图的挑战在于，它们会在与项目、材料、建造相关的新近设计决策和类型学更加深层的条件之间制造动荡。在小房屋（木屋或窑洞）中，我们画出家具和物品来描述住户合理安排屋内空间的新方式；这些生活方式有时与住户加盖的房间和对房屋的改动有关。它们亦可成为房屋未来变化的线索。

描述每栋房屋的轴测图和平面图都源于野外考察中的测量数据、照片和笔记，野外考察类似于建筑师面对新项目时需要经历的工作过程。仔细记录给定地点的现有条件，能够为将来提供信息与洞见。然而，一味地测量和拍照，并不能提供完整的记录，因而图纸成为那些事实的外延，能提供大量信息，使人能更好地理解。画出现有房屋结构图纸的过程也需要我们与原先的建造者或建筑师共情，深入理解他们的决策与逻辑。绘图与重绘的线条成为挖掘这种思想的过程，同时，它还提升了重绘图纸之人的敏感度：以古明今并以典型的建筑学方式（通过图纸）将建筑师与其研究的内容结合在一起。

民族志的精华在于它对主题和研究者之间联系的自反性疑问。这种联系可以是相互影响的，因而研究者与主题均受观察影响并被其改变。无论主动或被动，观察都在改变主题。反之，观察也影响着在工作经历中不断变化的研究者。在建筑民族志中，我们可以说，这种相互影响的过程作用于图纸，也作用于研究者。绘制见闻的建筑师改变了其实践工具。对研究的世界进行密切观察，成为思考建筑的一大来源。从这种意义上说，研究最终会影响设计。通过绘图来尝试理解自身外的某种现象，建筑师才能从源头上将研究工具化。

哈尔·福斯特在1995年的论文《作为民族志学者的艺术家》中，描述了一种谨慎对待艺术里民族志转向的态度。这种实践与展览中的转变包括了一些艺术家，他们利用边缘化社区的野外考察来鉴别那些违反社会准则或文化准则的实践，这些实践会成为艺术品创作的一大来源。这些艺术家找到的社区是边缘化的，边缘化指的是它们在主流之外，无论是客观上远离且偏远，还是通过其他形式疏离而被排斥。

福斯特称，艺术家改变这些社区并将其经验重塑为一种适合在美术馆或博物馆展览的再造的表达。他描述称"艺术中伪民族志报告的流行有时披着世界艺术市场游记的外衣"，并问道："在学院或艺术界，谁没见证过这些新形式的漫游呢？"对领悟到的"他异性科学"学科的嫉妒促使人们转向民族志，该学科可以将文化作为目标，同时通过实地考察将自身嵌入当地背景中。民族志也通过其反身需求来要求自我批判，从而思考主题与研究者之间的关系以及其他学科方法论与目标。

在福斯特的艺术世界里，艺术家通过研究对象的权威重组其实践，因而民族志主题的研究最终会回到艺术家形象本身，而他仍处于中心地位。将这种循环置于协作过程之中或动摇政治机构的尝试，被美术馆或博物馆的体制环境削弱，美术馆和博物馆本身就是庞大排斥体系中的一部分。福斯特写到了艺术实践受限环境中的某一具体时刻，但他谨慎的态度也会转向建筑民族志。

福斯特描述的艺术世界漫游者和建筑旅行家是否毫无差别？建筑民族志是否只产生"伪装的游记"，而没有反身批判这一构成民族志并且成为其特点的学科？那些对我们颇具影响力的书，如《没有建筑师的建筑》或《向拉斯维加斯学习》，都深植于该学科与旅游业保持距离的关系中，它们会立即分享其机遇，但会以研究的名义保持关键距离。《东京制造》时尚地自称为别样东京旅行指南：常规旅行出版物从未如此描绘过这座城市。建筑民族志不仅与建筑环境有关，还和社区交织在一起，它进入了某一领域，与福斯特的问题愈加关系密切。民族志方法通过某种方式突出了人文领域，但这种方式不会将主题工具化，而只是再次记录建筑师的专业技能，那么建筑能否采用这种民族志方法呢？

本书中出现的采访都是覆在图纸上的故事。如果说图纸提供了一种工具来观察特殊建造的房屋，那么对住户、建房者和村民的采访则采用了一种与民族志更加密切相关的方法。这些讨论都被记录、誊写并从汉语方言翻译成英文，编辑成第一人称陈述，匿名，然后再次进行编辑。采访文本是对口述文字进行多次删减后形成的。从口述内容到呈现的文本，其中历经了一系列的调整，明确了其构建的特征。故事百转千回，结果却不一定涉及房屋，而且大多数都没有直接提及房屋。

房屋照片作为书面证据留存。拍摄某些照片是为了提供记录，以后能用得上，而其他照片的拍摄目的则是为了传递具体信息。大多数照片都是单独一页，让人能清楚地看到空间、材料与位置，是其他形式的文件资料所不足以表达的。从这个意义上说，照片具备了双重功能，既在一定程度上证明了真实性，又描述了房屋难以形容却妙不可言的特质。

我们用描述性的名字来指明每座房屋，而不用地理位置来命名——例如用房屋所在的村庄命名。通过名称，轴测图描述的特征就一目了然了。名字构成一种独特空间或计划性解读变化的方式，同时也用这种精简文字的方法将房子加以归纳。命名引发人们对改建房盛行现象的重新思考，它们都是自建者用特殊策略改动的。这种房子在农村随处可见，然而每栋房屋都独具特色。命名时，我们主张改建作为建筑行为是具有价值的。

图纸、照片、采访和文本在表述可能发生的故事时，都发挥着分析的作用。它们是描述性要素，反映出我们对遇见的每栋房屋的要点所进行的解读和评价。并置这些描述性要素开辟了空间，全书在这一空间中发挥作用。该空间立即没有了限制，充满潜能，向其他可能的解读开放。当各个描述性要素都具备一定的自主性时，那么并置它们就可以提供这种空间。从这个意义上说，图纸本身虽然是完整的，但相互之间仍在对话。每张照片都有自己的故事。至于采访，尽管会经一些步骤来呈现其内容，却以各种超越本书框架的方式让村民发声。

占据着该空间的故事的力量立即就没有了限制并充满潜能，我认为，这源于它们无法被解释的特质，以在一次讲述和其他再述间来回摇摆的方式进行。故事不是因为搁置某一主题而具备这种价值，而是因为其具有维持并传播共鸣的能力，因此才能在该主题上回归某种程度的自主性。通过这种方式，本书中呈现的房屋仍有待找寻。

对我们而言，有意义之处在于故事如何出人意料地向世界展现建筑记录不同的生活方式并催生它们产生变化的能力。

致　谢

本书成书过程中，建筑师和学生研究员团队给予了我们帮助。
我们向他们付出的努力和永远热忱的双眼表示衷心感谢。

研究组组长
伊娃·赫伦特（Eva Herunter）

研究员
瑞贝卡·希施贝格（Rebekka Hirschberg）
夏成惟（Xia Chengwei）

翻译
刘畅（Liu Chang）

研究助理
陈源盛（Chan Yuen Shing Finn）
张玮伦（Cheung Wai Lun Vernon）
张睿明（Cheung Yui Ming）
钟秉蓁（Chung Bing Tsun Lester）
菲比·考恩（Phoebe Cowen）
范新楷（Fan Xinkai）
刘宝怡（Lau Bo Yee）
林颖莹（Lin Yingying）
卢思晓（Lu Sixiao）
基亚拉·奥吉奥尼（Chiara Oggioni）
约瑟芬·索比（Josephine Saabye）
沈一帆（Shen Yifan）
孙壹（Sun Yi）
张昊天（Zhang Haotian）

经费来源

在《如是之屋》的研究初期，香港特别行政区政府大学教育资助委员会优配了研究资助金。

香港大学建筑系设计出版基金提供了一笔拨款，资助本书付梓。

建筑系通过支持城乡架构项目，资助了项目初期的调查研究以及用作研究中心的实验室。